机器学习实战营

从理论到实战的探索之旅

谢雪葵　刘嘉蕊　编著

电子工业出版社

Publishing House of Electronics Industry

北京·BEIJING

内 容 简 介

本书是一本机器学习实用指南，提供从基础知识到进阶技能的全面学习路径。本书以浅显易懂的方式介绍了机器学习的基本概念和主要类型，并详细介绍使用 Python 及常见的库进行数据处理和机器学习的实操。此外，介绍了数据预处理的详细过程，最后，通过若干典型案例加深读者对机器学习的理解。

本书适合对机器学习感兴趣的初学者，也可作为软件开发人员、数据分析师、学术研究人员的参考书。

图书在版编目（CIP）数据

机器学习实战营：从理论到实战的探索之旅/谢雪葵，刘嘉蕊编著. —北京：电子工业出版社，2024.5

ISBN 978-7-121-47815-4

Ⅰ. ①机… Ⅱ.①谢… ②刘… Ⅲ.①机器学习 Ⅳ.①TP181

中国国家版本馆 CIP 数据核字（2024）第 089708 号

责任编辑：张　楠　　文字编辑：白雪纯

印　　刷：北京七彩京通数码快印有限公司

装　　订：北京七彩京通数码快印有限公司

出版发行：电子工业出版社

　　　　　北京市海淀区万寿路 173 信箱　　邮编：100036

开　　本：720×1000　1/16　印张：13.5　字数：259.2 千字

版　　次：2024 年 5 月第 1 版

印　　次：2024 年 11 月第 2 次印刷

定　　价：68.00 元

凡所购买电子工业出版社图书有缺损问题，请向购买书店调换。若书店售缺，请与本社发行部联系，联系及邮购电话：(010) 88254888，88258888。

质量投诉请发邮件至 zlts@phei.com.cn，盗版侵权举报请发邮件至 dbqq@phei.com.cn。

本书咨询和投稿联系方式：(010) 88254590。

前　　言

当我决定写这本书的时候，机器学习已经成为技术领域的热点话题，在日常生活、产业、科学研究中的应用也越来越广泛。从推荐算法、自动驾驶汽车到生物医学研究，机器学习无疑正在重塑我们的未来。

然而，对许多初学者和有经验的开发者来说，机器学习仍然是一门具有挑战性的技术。本书为读者提供了清晰、系统的入门路径，通过项目实战帮助读者理解并应用机器学习的核心概念。

本书不仅涵盖机器学习的基本知识、开发工具和开发环境，还通过五个具体的实战项目，详细介绍数据预处理、模型构建、评估与优化等关键步骤。这五个实战项目涉及不同的应用领域，从房价预测、图像识别到自然语言处理，目的是展示机器学习在各种实际场景中的应用。

我写这本书时，希望本书能成为读者机器学习之旅的可靠伴侣。不管是一个初学者，还是希望深化所学的知识，本书都能为读者提供所需的资源和指导。本书所有代码示例均保存在"D:\DeskFile\书籍\机器学习入门实战\Code\MyPythonCode"文件夹中。

最后，我要感谢所有参与本书写作的人，尤其是那些给予我建议和反馈的同行和读者。当然，也要感谢正在阅读本书的你，因为有了你，本书才有了存在的意义。

谢雪葵

2023 年 10 月

目　　录

第1章　机器学习入门 ………………………………………………………… 1

1.1　机器学习简介 ………………………………………………………… 1

1.1.1　什么是机器学习 ……………………………………………… 1

1.1.2　机器学习的前景 ……………………………………………… 2

1.2　机器学习的主要类型 ………………………………………………… 3

1.2.1　监督学习 ………………………………………………………… 4

1.2.2　无监督学习 ……………………………………………………… 5

1.2.3　半监督学习 ……………………………………………………… 7

1.2.4　强化学习 ………………………………………………………… 8

1.2.5　监督学习案例 …………………………………………………… 10

1.3　选择正确的算法 ……………………………………………………… 12

第2章　机器学习工具和环境 ……………………………………………… 14

2.1　Python 介绍 …………………………………………………………… 14

2.1.1　Python 的安装 ………………………………………………… 14

2.1.2　Python 基础语法 ……………………………………………… 19

2.1.3　Python 其他特性 ……………………………………………… 24

2.1.4　Python 简单实战案例（猜字游戏） ………………………… 31

2.1.5　Python 高级实战案例（网络爬虫） ………………………… 35

2.2　数据科学库 …………………………………………………………… 38

2.2.1　NumPy …………………………………………………………… 38

2.2.2　Pandas …………………………………………………………… 45

2.2.3　数据科学库案例（电商网站） ……………………………… 54

2.3　机器学习库 …………………………………………………………… 55

2.3.1　Scikit-Learn …………………………………………………… 55

2.3.2 TensorFlow ··· 60

2.3.3 Keras ··· 64

2.3.4 机器学习库案例（预测糖尿病） ································· 67

第3章 数据预处理··· 70

3.1 数据导入··· 70

3.2 数据清洗··· 71

3.3 特征工程··· 73

3.3.1 特征选择··· 73

3.3.2 特征转换··· 75

3.3.3 特征缩放··· 77

3.4 数据分割··· 78

3.4.1 训练集··· 78

3.4.2 测试集··· 79

3.4.3 验证集··· 80

3.5 案例分析：银行客户数据··· 80

第4章 机器学习模型的构建与评估··· 84

4.1 监督学习实战··· 84

4.1.1 线性回归··· 84

4.1.2 逻辑回归··· 86

4.1.3 决策树··· 88

4.1.4 随机森林··· 90

4.2 无监督学习实战·· 91

4.2.1 K-means·· 92

4.2.2 主成分分析·· 93

4.3 深度学习实战··· 95

4.3.1 神经网络··· 95

4.3.2 卷积神经网络··· 98

4.3.3 循环神经网络·· 102

4.4 模型评估与选择·· 105

4.5 案例分析：客户流失预测··· 107

第 5 章　机器学习项目实战···111

　5.1　项目一：房价预测···111

　　5.1.1　数据获取与理解···112

　　5.1.2　数据预处理···116

　　5.1.3　特征工程···120

　　5.1.4　模型构建与训练···123

　　5.1.5　模型评估与优化···125

　　5.1.6　结果解释···128

　5.2　项目二：图像识别···130

　　5.2.1　数据获取与理解···131

　　5.2.2　数据预处理···134

　　5.2.3　特征工程···136

　　5.2.4　模型构建与训练···138

　　5.2.5　模型评估与优化···140

　　5.2.6　结果解释···143

　5.3　项目三：自然语言处理···144

　　5.3.1　数据获取与理解···144

　　5.3.2　数据预处理···147

　　5.3.3　特征工程···148

　　5.3.4　模型构建与训练···149

　　5.3.5　模型评估与优化···151

　　5.3.6　结果解释···157

　5.4　项目四：新闻主题分类···157

　　5.4.1　数据获取与理解···158

　　5.4.2　数据预处理···161

　　5.4.3　特征工程···164

　　5.4.4　模型构建与训练···166

　　5.4.5　模型评估与优化···168

　　5.4.6　结果解释···171

　5.5　项目五：信用卡欺诈检测···172

　　5.5.1　数据获取与理解···173

　　5.5.2　数据预处理···176

5.5.3 特征工程 ·· 177

5.5.4 模型构建与训练 ·· 178

5.5.5 模型评估与优化 ·· 179

5.5.6 结果解释 ·· 187

第 6 章 机器学习的挑战与前沿领域 ······················· 191

6.1 机器学习的挑战 ··· 191

6.1.1 数据问题 ··· 191

6.1.2 模型问题 ··· 193

6.1.3 计算问题 ··· 194

6.1.4 评估和解释问题 ·· 195

6.2 机器学习的前沿领域 ····································· 196

6.2.1 深度学习 ··· 197

6.2.2 强化学习 ··· 198

6.2.3 迁移学习 ··· 199

6.2.4 自适应学习和自监督学习 ······························ 200

6.2.5 图神经网络 ··· 200

6.2.6 知识图谱表示学习 ······································ 201

6.2.7 因果机器学习 ·· 202

6.2.8 机器人处理自动化 ······································ 203

6.2.9 AI 优化硬件 ·· 204

6.3 机器学习的资源 ··· 204

第 1 章　机器学习入门

在学习机器学习（Machine Learning）时，理解基本概念至关重要。本章旨在提供学习机器学习所需的入门知识，从宏观的角度阐述机器学习是什么，介绍机器学习的前景和主要类型，并介绍如何选择合适的算法。希望读者通过学习本章的内容，能对机器学习有所了解，并为后续深入学习打下坚实的基础。

1.1　机器学习简介

1.1.1　什么是机器学习

机器学习是人工智能（Artificial Intelligence）的核心领域之一，使计算机系统有能力从大量的数据中学习和抽象出知识，进而对新数据进行预测和决策，这个过程并不依赖于明确的硬编码规则。在机器学习中，学习过程大致分为三个阶段：模型构建、模型训练、模型预测。

在模型构建阶段，根据任务的性质和数据的特点，选择适合的机器学习算法，如线性回归、决策树、神经网络等，并选择合适的模型架构，如模型的层数、节点数等。这个阶段的目标是定义一个可以从数据中学习到的结构。

在模型训练阶段，利用已有的标注数据或无标注数据来调整模型中的参数，从而使模型在训练数据时能达到最好的表现。这一阶段通常涉及损失函数的计算，以及使用优化算法（如梯度下降）来最小化损失函数的结果。

在模型预测阶段，使用经过训练的模型对新的、未知的数据进行预测或分类。例如，在一个垃圾邮件检测模型中，将训练好的模型应用于新的电子邮件，根据模型的输出决定这封邮件是否为垃圾邮件。

机器学习的应用极其广泛，深深地影响着人们的生活。

- 搜索引擎使用机器学习对网页内容进行理解和排序，从而为用户提供最相关的搜索结果。

- 垃圾邮件检测系统通过机器学习辨别垃圾邮件，进而保护用户免受无关信息或恶意信息的干扰。
- 在视觉领域，图像识别技术运用机器学习识别照片中的人、物或场景，这大大增强了计算机的视觉理解能力。
- 音乐推荐系统通过机器学习理解用户的音乐偏好，从而推荐用户可能喜欢的歌曲或艺术家。

理解和掌握机器学习的基本概念、算法原理和应用方法是进入人工智能领域的重要一步。

- 基本概念包括监督学习、无监督学习、半监督学习、强化学习等学习模式，以及回归、分类、聚类等常见的任务类型。
- 算法原理包括线性回归、逻辑回归、决策树、神经网络、深度学习（Deep Learning）等。
- 应用方法包括准备与处理数据、选择与构建合适的模型、训练模型与评估模型的性能，以及如何调整和优化模型以得到更好的效果。

除此之外，还需要理解模型的泛化能力，即模型在未见过的数据上的预测性能，以及如何防止过拟合和欠拟合等问题。

本书将指引读者探索机器学习这个既丰富又深奥的领域，帮助读者建立扎实的理论基础，并通过实践案例和代码示例，提高读者的实践技能和解决问题的能力。

小知识

人工智能是计算机科学的一个重要领域，旨在理解和构建智能行为。人工智能可以被划分为多个子领域或分支，包括机器学习、深度学习、自然语言处理（Natural Language Processing，NLP）、计算机视觉（Computer Vision）、知识图谱（Knowledge Graphs）、强化学习（Reinforcement Learning）、机器人学（Robotics）等。

1.1.2　机器学习的前景

当前，机器学习的应用领域正在迅速扩大，最新的进展已经改变了计算机视觉、强化学习等科学和工程领域的发展进程。下面介绍一些值得注意的新趋势。

- 机器学习与物联网（IoT）的融合：物联网是指通过网络将物理设备连接起来，以便收集和分享数据。当机器学习与物联网结合时，可以创建出更智能的系统，这些系统能更加适应环境，提高效率。
- 网络安全应用：随着网络攻击的日益复杂化，机器学习正在被用于检测和防止网络攻击。通过学习正常的网络行为模式，机器学习模型可以识别和警告异常的行为模式，从而提高网络的安全性。
- 自动机器学习：一种自动化的机器学习方法，可以自动完成数据预处理、特征选择、模型选择和超参数调优等任务，大大简化了机器学习的流程。
- TinyML：在微型设备（如微控制器）上运行机器学习模型的新兴领域。这些微型设备通常资源有限，但通过优化和压缩，机器学习模型可以在这些设备上运行，从而实现边缘计算。
- 无代码机器学习：一种新的开发方式，使用户无须编写代码，即可创建和部署机器学习模型，从而降低使用机器学习的门槛，使更多人可以利用机器学习解决实际问题。

以上趋势反映了机器学习的最新发展，这些发展正在改变用户使用和理解机器学习的方式。机器学习发展得非常快，因此建议定期查阅相关新闻和文献，以便了解最新的发展趋势。

1.2　机器学习的主要类型

目前，有多种机器学习的算法，可以根据算法学习数据的方式，以及算法是否需要标签、算法利用标签的方式等因素，将机器学习分为四种类型：监督学习、无监督学习、半监督学习和强化学习。

小知识

训练是指机器学习模型的学习过程，即模型从数据中学习并提升性能的过程。这个过程通常需要一个数据集，这个数据集通常被分为训练集和测试集。训练的目标是使模型能从输入的特征（描述数据实例的属性）预测出对应的标签。

（1）监督学习是指算法从带有标签的训练数据中学习经验，这些经验被应用于预测新的、未被标注的数据。这种方法就像在一个监督者的指导下进行学习，因此该方法称为监督学习。

（2）无监督学习是指算法只有输入数据，而没有对应的标签。无监督学习的目标是通过寻找数据中的隐藏模式，从而学习数据的结构。因为在这种学习过程中没有任何监督，所以该方法称为无监督学习。

（3）半监督学习是介于监督学习和无监督学习之间的一种学习方法。半监督学习使用的数据集中，一部分数据有标签，另一部分数据没有标签。算法需要利用有标签的数据进行学习，同时也尝试从无标签的数据中寻找规律。

（4）强化学习的模型会通过与环境的交互进行学习，通过在一系列的决策中尝试不同的行为，并根据结果调整行为策略，从而实现特定环境下的优化行为。

每种类型的机器学习都有适用的场景，理解这些基本类型可以帮助用户更好地理解机器学习，并根据实际问题选择合适的学习策略。

小知识

在机器学习中，标签是指数据的真实输出值，也可以说是用户想要模型预测的目标。标签有多种形式，下面介绍几种常见的标签。

- 在分类问题中，标签是每个实例的类别标签。例如，在垃圾邮件检测任务中，每封电子邮件可能被标记为"垃圾邮件"（标签 1）或"非垃圾邮件"（标签 0）。
- 在回归问题中，标签是一个连续值。例如，在预测房价的任务中，每个房屋的标签可能是房屋的实际销售价格。
- 在序列生成任务中，如机器翻译，标签可能是一个单词序列，代表目标语言的正确翻译结果。

1.2.1 监督学习

监督学习是机器学习的一个重要分支，其名称源于这种学习方式的性质，用户为模型提供的数据集包含输入和对应的输出，模型通过监督这种输入与输出之间的关联关系，对这种关联关系进行学习。

这里的输入是指用于预测或估计目标值的一组特征或参数。例如，在预测房价任务中，房屋的面积、位置、房间数量等都可以作为输入。输出是模型预测或估计的目标结果，即用户希望从输入中得到的信息。在上述预测房价任务中，房价就是输出。

在监督学习的过程中，模型首先接收一组包含输入和输出的数据对，这些数据对被称为训练数据。模型的任务是发现输入和输出之间的关系，这个关系可以是一个函数，该函数将输入映射到相应的输出。一旦学习了这个函数，就可以用该函数预测未知输入的输出。

监督学习的应用非常广泛，主要包括回归任务和分类任务。

- 回归任务：输出是连续的数值。例如，用户可以根据一些特征（如房屋的面积、位置等）预测房屋的价格。常见的回归算法有线性回归、决策树回归、支持向量回归等。
- 分类任务：输出是类别标签。例如，用户可以根据电子邮件的内容预测这封邮件是否为垃圾邮件。常见的分类算法有逻辑回归、决策树分类、支持向量机分类、随机森林、神经网络等。

在监督学习中，一个重要的挑战是如何评估模型的性能。通常，用户会把数据集分成训练集和测试集。训练集用于训练模型，测试集用于评估模型对未知数据的预测性能。为了更精确地评估模型的性能，用户还会使用交叉验证等技术。

小知识

交叉验证是一种统计学上的验证模型泛化性能的方法，通过将原始数据集分成训练集和验证集，使模型在训练集上训练并在验证集上验证，多次重复以评估模型的平均性能。

另一个关键的问题是如何避免过拟合和欠拟合。过拟合是指模型过于复杂，以至于过度拟合训练数据，导致模型在新数据上的性能下降；欠拟合是指模型过于简单，无法完全捕获数据中的模式。通过调整模型的复杂度、使用正则化技术、增加训练数据量等方法，可以帮助用户找到最优的模型。

监督学习是机器学习的核心，理解和掌握监督学习对于深入理解机器学习非常重要。

1.2.2 无监督学习

与监督学习不同，无监督学习的数据集只包含输入，不包含输出。也就是说，用户没有指定目标结果指导学习过程，而是使模型自我学习数据的结构和模式。结构通常是指数据的组织形式以及数据元素之间的关系。在数据中找出结构通常是为了理解数据的分布、组织方式和可能的组合。例如，购物篮分析（Market Basket Analysis)是机器学习的应用之一。在购物篮分析案例中，结构可能是购物篮中商品的购买组合——某些商品经常被一起购买，这表明这些商品之间有某种关系或结构。模式通常是指数据中反复出现的一种或几种行为或趋势。从数据中寻找模式是为了预测或理解未来可能的行为或趋势。例如，对于电商网站的用户浏览数据，模式可能是用户的浏览路径或购买习惯——用户在浏览特定商品之后，通常会浏览或购买此商品。无监督学习就像让孩子自己去探索和理解世界，而没有老师在一旁指导。

无监督学习的主要任务包括聚类任务和降维任务。

聚类任务是将输入数据划分成几个组别，这些组别是根据数据的相似度划分的。例如，商家可能会根据消费者的购买行为将消费者分为几个不同的群体，以进行更精细的市场营销。常见的聚类算法有如下几种。

- K-means：将数据分为若干个不重叠的子集。
- 谱聚类：基于图理论的聚类方法。
- DBSCAN：基于密度的聚类算法。

降维任务是指将高维数据转换为低维数据，同时尽量保留数据的重要信息。在实际应用中，数据往往具有很高的维度，这不仅增加了计算的复杂度，也可能导致过拟合等问题。降维可以帮助用户解决这些问题，并且可以用来可视化高维数据。常见的降维算法有主成分分析、线性判别分析（LDA）、t-分布随机邻域嵌入（t-SNE）等。

值得注意的是，尽管无监督学习不需要输出变量的标签，但这并不意味着用户不能评估模型的性能。实际上，存在许多度量方法可以评估无监督学习的性能，如轮廓系数、Calinski-Harabasz 指数等。但无监督学习的评估通常比监督学习更为复杂，因为用户没有一个真正的正确答案作为参考。

此外，无监督学习也存在过拟合和欠拟合的问题，但与监督学习中的过拟合和欠拟合有些不同。对于聚类任务，如果用户选择的聚类数量太多，则模型可能会过度划分数据，这就会导致过拟合；如果聚类数量太少，则可能会忽略数据中的重要模式，这就会导致欠拟合。对于降维任务，如果用户保留的维度太少，则可能会丢失重要的信息，这也会导致欠拟合；如果保留的维度太多，则可能会保留一些不必要的信息，这会导致过拟合。

总体而言，无监督学习是一种更自由、灵活的学习方式，它可以帮助用户发现数据的内在结构和模式，进一步揭示数据的潜在含义。

1.2.3 半监督学习

半监督学习是介于监督学习和无监督学习之间的一种学习方法。在半监督学习中，用户的数据集既包含带标签的数据（监督学习中的数据），也包含未标记的数据（无监督学习中的数据）。实际上，这种学习场景在现实世界中非常常见，因为标记数据通常需要人工进行，而未标记的数据相对容易获取。

在半监督学习中，模型不仅要利用带标签的数据学习输入和输出之间的关系，也要利用未标记的数据学习数据的潜在结构和模式。这样，模型就可以利用更多的信息改善学习效果。例如，模型可以利用未标记数据的分布信息改善输入空间的划分，从而改善新数据的预测结果。

小知识

输入空间是机器学习中的一个术语，是指所有可能的输入数据的集合或区域。在这个空间中，每一个点都代表一个可能的输入数据，空间的维度由输入数据的特征数决定。

例如，在建立一个天气预测模型时，可能的输入特征包括温度和湿度。在这种情况下，可以把所有温度和湿度的组合看作一个二维的输入空间，每一个点在这个空间中都代表一个可能的温度-湿度组合。

半监督学习的应用非常广泛，包括图像识别、文字分类、语音识别、生物信息学等领域。这些任务通常涉及大量的未标记数据和少量的带标签数据。例如，图像识别系统会利用半监督学习自动识别商品图片的内容。

常见的半监督学习方法包括自训练、多视图学习、图半监督学习等。

- 自训练是一种简单的策略，首先用带标签数据训练一个初始模型，然后用这个模型预测未标记数据的标签，再用预测的标签更新模型。
- 多视图学习利用数据的多个视图，如一篇文章的主题视图和情感视图，从而提高学习效果。
- 图半监督学习是将数据表示为图形，并利用图形的结构信息进行学习。

半监督学习的一个重要挑战是如何有效地利用未标记数据。如果处理不当，则未标记数据可能会导致模型的性能降低，这被称为负迁移。为了避免负迁移，需要设计合理的学习策略和算法。例如，可以使用一些假设引导学习过程，如使用聚类假设或流形假设。

小知识

聚类假设是指假设相同类别的数据通常会在特征空间中形成集群，即聚类在一起，同一个集群内的数据具有相同的标签。

流形假设是指数据在高维空间中可能分布在一个更低维的流形上，这里的流形是一种复杂的形状或曲面，相近的数据点在这个流形上也相近，因此具有相同的标签。流形假设考虑到数据在多维空间中的几何布局，这种几何结构对分类或回归任务来说非常重要，因为它决定了相似数据点的接近程度，进而影响了模型如何识别和处理数据点。

半监督学习的另一个挑战是如何评估模型的性能。通常，用户可以使用和监督学习相同的评估方法，如交叉验证、准确率、召回率等。召回率是指模型预测正确的正样本（真正例）占所有实际正样本（真正例和假反例）的比例。但是，用户还需要考虑未标记数据的利用效果。例如，可以通过比较半监督学习和监督学习的性能评估未标记数据的价值。

总之，半监督学习是一种充分利用有限标签信息和丰富未标签信息的有效学习方法，具有广泛的应用前景。

1.2.4 强化学习

强化学习是一种在互动环境中学习和做出决策的方法。在强化学习中，智能体通过与环境的交互学习如何执行任务，这个智能体可以观察其环境，选择并执行行动，同时接收环境的反馈，如奖励或惩罚。智能体的目标通常是通过从环境中获得的累积奖励学习最优的行动策略。例如，一个智能体可以是在电子游戏中寻找宝藏的角色，通过试错和学习，该角色了解在不同游戏状态下应该选择的最佳动作。智能体不仅考虑即时回报，还需考虑未来的回报。因此，强化学习需要处理许多短期和长期决策的问题。

强化学习的基本框架是马尔可夫决策过程（MDP），包括状态、动作、转移函数和回报函数。转移函数描述了在给定的状态和动作下，智能体到达新状态的概率。回报函数定义智能体在特定状态执行特定动作后所得到的即时回报。累积的回报有时也称作总回报或折扣回报，是指智能体在一系列动作中获得的所有即时回报的总和。智能体的目标是通过选择最优的动作策略最大化累积的回报。

强化学习在许多领域都有广泛应用。

- 游戏：强化学习可以训练智能体在各种游戏中的优化策略，并获得最高得分。最著名的例子就是 AlphaGo，它使用深度强化，成功在围棋游戏中击败了世界冠军。
- 机器人：强化学习可以使机器人通过与环境的交互学习复杂的技能，如行走、抓取物体等。在学习过程中，机器人可以根据环境反馈进行自我调整，提升任务执行的效率和精准度。
- 自动驾驶：强化学习可以用于优化驾驶策略，使车辆能在各种道路条件和交通环境下自主驾驶。通过强化学习，车辆可以学习如何在保证安全的同时，高效地进行驾驶。
- 推荐系统：强化学习可以帮助推荐系统更好地理解用户的偏好，并通过不断试错和学习，提供更精准的个性化推荐。这种方法可以有效提高用户的满意度和留存率。

常见的强化学习方法包括值迭代、策略迭代、Q-learning、深度 Q 网络（DQN）、策略梯度等。

- 值迭代和策略迭代是基于动态规划的算法，旨在求解马尔可夫决策过程中的最优策略。
- Q-learning 是一种离线学习算法，能在不了解环境动态信息的情况下求解最优策略。
- 深度 Q 网络结合深度学习和强化学习，通过神经网络学习复杂的状态空间和动作空间之间的映射关系，因此可以处理非常复杂的任务。
- 策略梯度直接优化策略函数，根据梯度信息更新策略参数，通常应用于连续动作空间的问题中。

强化学习的一个重要挑战是如何平衡探索和利用。这里的探索是指智能体尝试新的动作获取更多信息，利用是指智能体使用已有的信息做出最优的决策。如果只重视探索，则智能体可能无法快速找到好的策略；如果只重视利用，则智能体可能会陷入局部最优问题。

另一个挑战是如何在大规模或连续的状态和动作空间中有效地进行学习和决策。在许多任务中，状态和动作的空间可能非常大，甚至是连续的，导致无法直接求解最优策略，这就需要借助如函数近似和蒙特卡罗采样等技术。

- 函数近似用于在大规模或连续的空间中近似表示价值函数或策略函数。价值函数用于估算某一状态下采取某一动作后，智能体预期奖励之和；策略函数在给定状态下，选择各个动作的概率分布。可以使用神经网络等方法进行函数近似。
- 蒙特卡罗采样是一种基于随机抽样的方法，用于估计复杂的或不易直接计算的概率分布，该方法在处理大规模或连续空间问题时非常有用。

总而言之，强化学习是一种在互动环境中进行学习和决策的强大方法，在许多领域都有广泛的应用。

1.2.5　监督学习案例

为了使读者更好地理解监督学习，本节通过一个实际的案例介绍监督学习。在本案例中，使用 Python 的 Scikit-Learn 库进行线性回归预测。

1．数据准备

首先，需要准备一些数据，此时可以使用 NumPy 库创建一些模拟数据。这里以房屋面积和房价的关系为例，希望通过房屋面积预测房价。

```
1   import numpy as np
2   # 创建数据
3   np.random.seed(0)
4   area = 2.5 * np.random.randn(100) + 25
5   price = 25 * area + 5 + np.random.randint(20,50,size=len(area))
6
7   # 将数据转换成二维数组
8   area = area.reshape(-1,1)
9   price = price.reshape(-1,1)
10  # 打印前 5 条数据
11  print(area[:5])
12  print(price[:5])
```

上述代码的输出结果如图 1-1 所示。

```
D:\DeskFile\书籍\机器学习入门实战\Code\MyPythonCode\机器学习基础知识\监督学习案例>python 数据准备.py
[[29.41013086]
[26.00039302]
[27.44684496]
[30.602233 ]
[29.66889498]]
[[760.25327162]
[679.00982552]
[738.17112401]
[817.05582495]
[791.72237438]]

D:\DeskFile\书籍\机器学习入门实战\Code\MyPythonCode\机器学习基础知识\监督学习案例>
```

图 1-1

2. 模型训练

利用 Scikit-Learn 库的 LinearRegression 类创建一个线性回归模型，并使用模拟数据对该模型进行训练。

```
1   from sklearn.linear_model import LinearRegression
2
3   # 创建并训练模型
4   model = LinearRegression()
5   model.fit(area,price)
6
```

3. 模型预测

模型一旦训练完成，即可用该模型预测新的数据。

```
1   # 预测新的数据
2   new_area = np.array([30]).reshape(-1,1)
3   predicted_price = model.predict(new_area)
4
5   print(f"The predicted price for an area of {new_area[0][0]} is
{predicted_price[0][0]}")
6
```

预测结果如图 1-2 所示。可以看出，当输入的数据为 30 时，模型预测的结果约为 788。

```
D:\DeskFile\书籍\机器学习入门实战\Code\MyPythonCode\机器学习基础知识\监督学习案例>python 完整合并代码.py
The predicted price for an area of 30 is 787.9653001218938

D:\DeskFile\书籍\机器学习入门实战\Code\MyPythonCode\机器学习基础知识\监督学习案例>
```

图 1-2

注意

　　介绍上述案例的目的是使读者初步了解机器学习的一般流程。其中的一些术语和概念会在后续章节中逐一解释。在实际的项目中，用户可能需要处理的数据和模型会更为复杂。然而，无论处理的数据和模型复杂度如何，基本的处理步骤都是相同的，都会包括数据准备、模型训练、模型预测等步骤。

1.3　选择正确的算法

　　机器学习有不同类型的算法可供用户选择，每种算法都有特定的应用场景，也各有优缺点。选择合适的算法是非常关键的一步，因为算法的选择将直接影响到模型的性能。下面将介绍几个在选择机器学习的算法时需要考虑的关键因素。

　　首先，理解需要解决的问题是至关重要的。每种算法都是为了解决特定类型的问题而设计的。例如，如果用户要解决分类问题，则可以选择逻辑回归、支持向量机、随机森林、神经网络等算法。如果用户要解决聚类问题，则可以选择 K-means 或层次聚类等算法。

提示

　　上面涉及的各种算法将在后续章节进行介绍。

　　其次，数据集的属性对算法的选择至关重要。下面对数据集的属性进行说明。

- 数据规模：直接影响算法的选择。对于非常大的数据集，用户可能需要选择一些能处理大规模数据的算法，如随机森林、梯度提升、深度学习等。同时，也可以使用一些降维技术，如主成分分析，以减小数据的规模，同时提高算法的运行效率。
- 数据维度：高维数据可能引发"维度诅咒"现象，即数据的维度越高，对数据的理解和分析就越困难。在这种情况下，可能需要应用一些降维技术，如 PCA 或 t-SNE，以便更好地可视化数据并对数据进行分析。
- 数据平衡性：如果数据集是不平衡的，即某些类别的样本数量远大于其他类别，则可能需要选择一些专门处理不平衡数据的算法，如 SMOTE（合成少数过采样技术），或采用一些数据重采样技术，如过采样和欠采样。

- 数据噪声：如果数据中含有很多噪声或异常值，则可能需要对数据进行预处理，如去除噪声或进行异常值处理，以避免这些噪声和异常值对模型学习造成不利影响。
- 特征关联性：特征之间的关联性对机器学习算法的性能有重要影响。当特征之间存在高度相关性时，会产生所谓的"多重共线性"问题，即两个或多个特征都在提供相同或相似的信息。这可能会导致模型参数的不稳定性，同时可能降低预测准确性。为了解决这类问题，可以使用岭回归（引入 L2 正则化项）或 Lasso 回归（引入 L1 正则化项）等技术。同时，可以通过使用特征选择和特征工程等方法。有选择性地提取最具信息的特征，从而提高模型的学习效果。

补充资料

在机器学习中，最具信息是指那些对预测目标变量有最大贡献的特征，这些特征通常包含对输出变量有用的、非冗余的信息。因此，最具信息对训练出高效、高性能的模型来说是至关重要的。

模型的复杂性也是一个需要考虑的因素。一般来说，模型的复杂性和泛化能力是需要进行平衡的。模型的泛化能力是指模型在未知数据上的预测表现。如果模型过于简单，则可能会欠拟合，也就是没有完全学习到数据的潜在模式；如果模型过于复杂，则可能会过拟合，也就是过度学习数据的噪声，而忽视了数据的真实模式。所以，在选择算法时，用户需要考虑这些因素。

此外，训练时间和计算资源也是选择算法时需要考虑的因素。一些复杂的算法（如深度学习）可能需要更长时间和更多计算资源进行训练。如果时间或计算资源有限，则用户可能需要选择一些更加高效的算法。

最后，算法的可解释性也是一个重要的因素。在一些领域，如医疗或金融领域，用户不仅需要模型有较好的性能，同时也需要能解释模型的决策。在这种情况下，用户可能会优先选择那些可解释性较强的算法，如决策树或线性回归。

第 2 章　机器学习工具和环境

在开始机器学习的实战之前，需要熟悉一些必要的工具和环境。本章将介绍一些常用的编程语言、数据科学库和机器学习库，并介绍如何正确地使用它们。本章为读者提供机器学习所需的基础技术知识和实用工具，以便读者后续能顺利学习和实战。

2.1　Python 介绍

Python 是一种高级编程语言，以其简洁的语法、较强的可读性和丰富的生态系统而受到广泛的欢迎。Python 是一种解释型语言，这意味着 Python 的代码不需要编译，而是在程序运行时由解释器逐行解释并执行。开发者可以在编写代码时立即执行代码并看到结果，从而使调试过程更加方便。另外，因为解释型语言没有编译这个环节，所以解释型语言的运行效率一般低于编译型语言。

Python 的设计理念强调代码的可读性和简洁的语法，尤其体现在使用空格缩进划分代码块，而非使用大括号或关键词。由于代码的解释和执行是在运行时进行的，这意味着 Python 程序可以动态修改，非常灵活。然而，这也意味着 Python 的运行效率一般低于 C 语言或 C++语言等编译型语言，尤其是在需要处理大量计算的场合，Python 运行效率尤为低下。

尽管如此，Python 的易用性、可读性和丰富的库支持，使其在数据分析、机器学习、网络编程等领域得到了广泛的应用。尤其是在机器学习和数据科学领域，Python 几乎成为了标准语言。Python 支持多种编程范式，包括结构化编程、面向对象编程和函数式编程。

2.1.1　Python 的安装

1. 下载 Python

访问 Python 官方网站，在首页上找到下载选项。根据操作系统选择对应的 Python

版本进行下载。建议选择 Python 3，因为在 2020 年开发者已经不再维护 Python 2 了。

Python 的下载页面如图 2-1 所示，笔者选择的是 Windows 版本的 Python，读者可以根据自己的系统选择对应的版本。

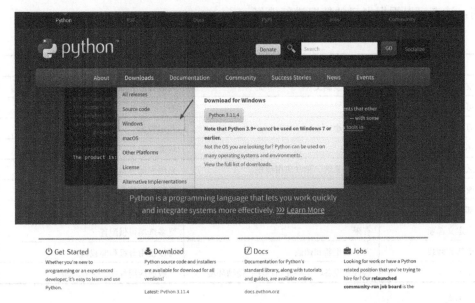

图 2-1

单击图 2-1 中的下载链接后，进入版本选择页面，如图 2-2 所示。

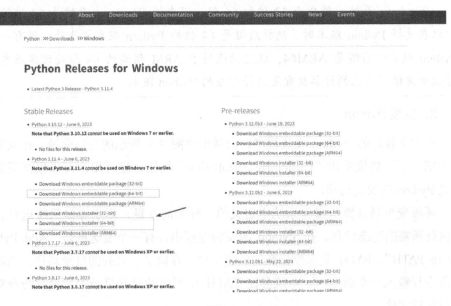

图 2-2

在下载页面中，有很多版本可供下载，一般推荐最新的版本，笔者选择的是Windows installer（64-bit）。在上图中，请注意框起来的两个地方，这两个选项都是可供下载使用的 Python 版本，但有一些细微区别。表 2-1 对两种版本进行了说明，读者可以根据自己的情况进行选择。

表 2-1 两种版本的区别

项 目	Windows embeddable package (64-bit)	Windows installer (64-bit)
安装方式	解压并复制文件	安装并配置操作系统
可执行文件	无	有
可执行文件大小	相对较小	相对较大
环境依赖性	较低	较高
适用范围	嵌入式系统、独立应用程序	桌面和服务器环境
兼容性	较差	较好
部署	将文件复制到目标位置	使用安装程序，执行完整的安装流程
自定义选项	有限	更多选项可供配置
更新和卸载	需手动更新和卸载	可以使用升级和卸载程序
使用场景	嵌入式设备、小型应用程序、便携环境	一般的应用程序、企业环境

注意

Windows 系统一般分为 32 位和 64 位，笔者的 Windows 系统是 64 位的，所以在选择 Python 版本时，选择后缀是 64 位的 Python 版本。此外，还有一种 Python 版本的后缀是 ARM64，这是指适用于 ARM 架构的 64 位处理器版本。建议读者根据自己的计算机配置选择相应的 Python 版本。

2. 安装 Python

双击下载好的 Python 安装程序，会弹出如图 2-3 所示的安装向导。在安装向导的第一页，建议单击"Customize installation"按钮，这样用户可以根据需要自定义 Python 的安装选项。

环境变量是计算机操作系统中定义的一种全局变量，用于存储系统运行和程序执行所需的动态信息。在 Python 的安装过程中，有一个复选框是"Add Python 3.9 to PATH"。PATH 是一个特殊的环境变量，存储了一系列的目录路径。当用户在命令行输入一个命令时，系统会在 PATH 所列出的这些目录中搜索该命令对应的可执行文件。

图 2-3

在 Python 的安装过程中，如果用户勾选了 "Add Python 3.9 to PATH" 复选框，则 Python 的安装路径就会被添加到环境变量中。这样做的好处是，无论在哪里打开命令行窗口，都可以通过简单地输入 "python" 启动 Python 解释器，无须输入 Python 解释器的完整路径。这大大提高了使用 Python 的便捷性。因此，建议在安装 Python 时，建议勾选这个选项，使 Python 成为环境变量的一部分。

3. 自定义 Python 安装

在 "Customize Python" 页面，可以选择需要安装的特性。通常默认的设置就可以满足大部分需求。

4. 安装位置

选择 Python 的安装路径。如果不确定，则可使用默认的安装路径。

5. 开始安装

如图 2-4 所示，单击 "Install Now" 按钮，即可开始安装 Python。在安装过程中，会显示安装进度。

6. 完成安装

如图 2-5 所示，当 Python 安装完成后，安装向导会显示 "Setup was successful"，说明已成功安装 Python。单击 "Close" 按钮，即可关闭安装向导。

安装完成后，用户可以打开命令行窗口。若用户使用 Windows 系统，则在按 Win+R 键后，输入 cmd，按回车键，即可打开命令行窗口；若用户使用 macOS 或 Linux 系统，则打开终端应用即可。请根据下载的 Python 版本输入 python 或

python3，并按回车键。如果可以看到 Python 的版本信息和>>>提示符，则说明
Python 已经安装成功，如图 2-6 所示。

图 2-4

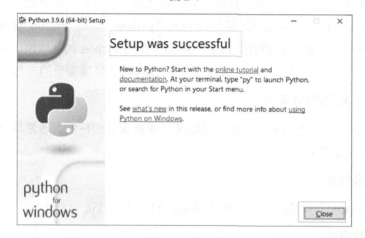

图 2-5

```
Python 3.11.4 (tags/v3.11.4:d2340ef, Jun  7 2023, 05:45:37) [MSC v.1934 64 bit (AMD64)] on win32
Type "help", "copyright", "credits" or "license" for more information.
>>>
```

图 2-6

　　Python 的安装非常简单，但是安装后配置 Python 的环境可能会比较复杂，
特别是当用户需要使用很多 Python 库时，配置环境会较为复杂。为了解决这个
问题，笔者建议使用 Anaconda，它是一个包含 Python 和一系列科学计算包的发
行版，非常适合进行数据分析和机器学习。

2.1.2　Python 基础语法

Python 是一种高级编程语言，以其简洁清晰的语法和强大的功能而闻名。Python 提供了多种高级的数据结构，如列表、元组和字典，这些数据结构使数据处理变得简单高效。此外，Python 也支持面向对象编程（Object Oriented Programming），这是一种编程范式，允许开发者创建自己的对象和类，这样能更好地组织和复用代码。

Python 的语法设计重视代码的可读性，这意味着 Python 代码通常比其他编程语言更易于阅读和理解。这样的设计不仅使 Python 更易于学习，而且可以降低维护代码的难度和成本。

Python 强大的功能来自其丰富的模块和包。在 Python 中，模块是一种包含 Python 定义和语句的文件；包是一种组织模块的方式，可以将相关的模块组合在一起。这种设计使代码可以模块化，方便管理，而且可以重复利用模块，从而提高开发效率。

Python 还提供了强大的解释器，解释器是可以执行 Python 代码的程序。与编译型语言不同，Python 是一种解释型语言，这意味着 Python 代码在执行时会被解释器逐行翻译和执行，无须预先编译，这使 Python 在代码开发和测试中具有更高的灵活性。

Python 拥有广泛且功能强大的标准库，其中包含了大量的模块，可以用于文件处理、操作系统、网络通信、数据库访问、图形用户界面以及其他任务。这些标准库既可以作为源代码获得，也可以以二进制形式获得，并且在所有主要的操作系统平台（如 Windows、Linux 和 macOS）上都可以运行。这使 Python 成为一种真正跨平台的语言，并且可以用于多种不同类型的项目。

下面介绍必须掌握的 Python 的基础语法。

1．变量与数据类型

Python 是一种动态类型的编程语言，支持多种数据类型，这为开发者提供了较强的灵活性。Python 支持的数据类型如下。

- 整数（Integers）：没有小数部分的数，如 5、–7、0。在 Python 中，用户可以对整数进行加、减、乘、除、取余以及其他复杂的数学运算。
- 浮点数（Floats）：有小数部分的数，如 7.3、–0.006、0.0。同样，Python 允许用户对浮点数进行各种数学运算。

- 字符串（Strings）：字符的序列，用于存储和处理文本。Python 中的字符串可以用单引号或双引号创建，还支持多行字符串以及字符串操作和方法。
- 列表（Lists）：复合数据类型，可以容纳多个元素，这些元素可以是不同的数据类型。列表是可变的，这意味着用户可以添加、删除或修改列表中的元素。
- 元组（Tuples）：与列表相似，可以存储多个元素。但是元组是不可变的，即不能添加、删除或修改元组中的元素。元组常常用于存储不应被改变的数据。
- 字典（Dictionaries）：复合数据类型，用于存储键值对。字典的键和值可以是不同的数据类型。字典常常用于存储和查找数据，查询效率非常高。

在 Python 中，创建变量是非常简单的，只需使用等号进行赋值操作。Python 是动态类型语言，这意味着无须预先声明变量的类型。下面是创建变量的示例：

```
1  x = 10  # 整数
2  y = 3.14  # 浮点数
3  z = "Hello,World!"  # 字符串
```

2. 控制流语句

Python 提供了丰富的控制流语句，帮助开发者编写具有逻辑的程序。这些工具主要包括条件语句（if、elif、else）和循环语句（for、while）。

- 条件语句：允许程序根据特定条件选择性地执行代码块。条件通常是一个布尔表达式，结果为真或假。if 关键字用于引入一个条件语句，elif 用于引入额外的条件，else 用于引入当所有条件都不满足时所执行的代码块。
- 循环语句：允许程序重复执行一个代码块。for 循环用于迭代序列（如列表、字符串）或其他可迭代对象，while 循环会在给定条件为真的情况下，反复执行循环内容。

下面是一个简单的 if 语句和 for 循环示例：

```
1  # if 语句
2  x = 10
3  if x > 0:
4      print("x is positive")
```

```
5
6    # for 循环
7    for i in range(5):
8        print(i)
```

上述代码的执行结果如图 2-7 所示。

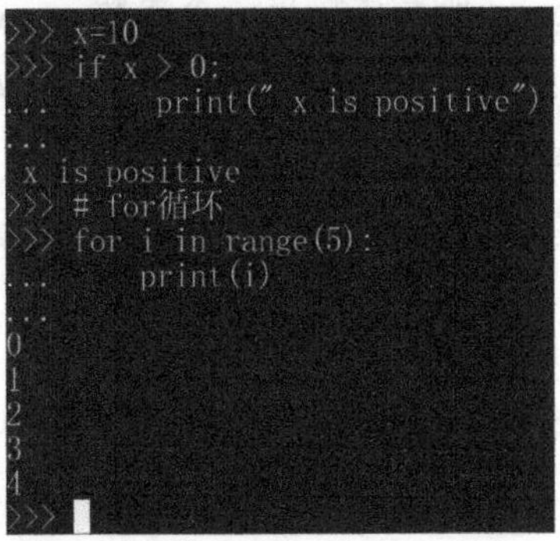

图 2-7

3．函数

函数在 Python 中起着重要的作用，它允许用户封装和重用代码，这样可提高代码的可读性和可维护性。用户可以使用 def 关键字定义函数。下面介绍函数中的组成部分。

- 参数：函数可以接收任意数量的参数，参数是在函数被调用时传递给函数的值。参数可以是任何数据类型，如基本类型（整数和字符串）和复杂类型（列表和字典）。
- 返回值：函数可以返回一个值，这个值就是返回值。返回值可以是任何 Python 对象，是通过 return 语句指定的。当 return 语句在函数中执行时，函数将立即结束，并返回指定的值。

下面的函数接受一个参数，并返回字符串：

```
1    def greet(name):
2        return "Hello," + name
3
4    print(greet("Alice"))
```

上述代码的执行结果如图 2-8 所示。

21

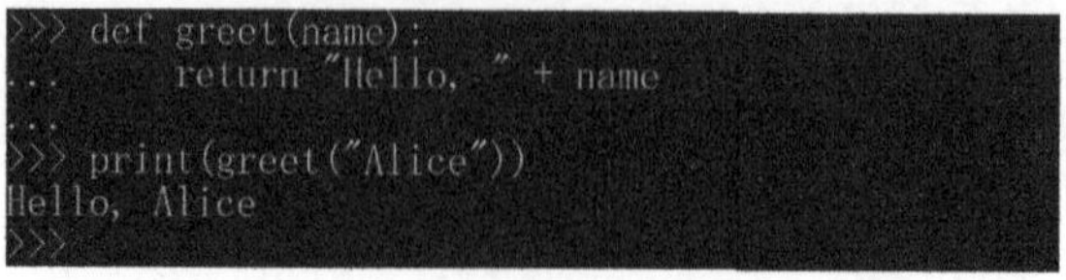

图 2-8

在上面这个例子中，greet 函数先接受一个参数 name，然后返回拼接后的字符串。当用户调用 greet("Alice")时，函数会返回"Hello，Alice"。

此外，Python 还支持默认参数和关键字参数。默认参数在调用函数时可以不提供，此时将使用默认值；关键字参数是在调用函数时通过名字指定的参数。

4．类和对象

在 Python 中，面向对象编程是一种主要的编程范式。面向对象编程的核心概念包括类（Class）和对象（Object）。

（1）类

类定义了对象的结构和行为，是创建对象的蓝图和模板。例如，用户可以创建一个名为 Person 的类，它包含属性（name 和 age）和方法（greet），代码如下：

```
1   # 定义类 Person
2   class Person:
3      def __init__(self,name,age):
4         self.name = name
5         self.age = age
6
7      def greet(self):
8         return "Hello,my name is " + self.name
9
10  # 创建对象
11  alice = Person("Alice",25)
12  # 打印结果
13  print(alice.greet())
14
```

上述代码的执行结果如图 2-9 所示。

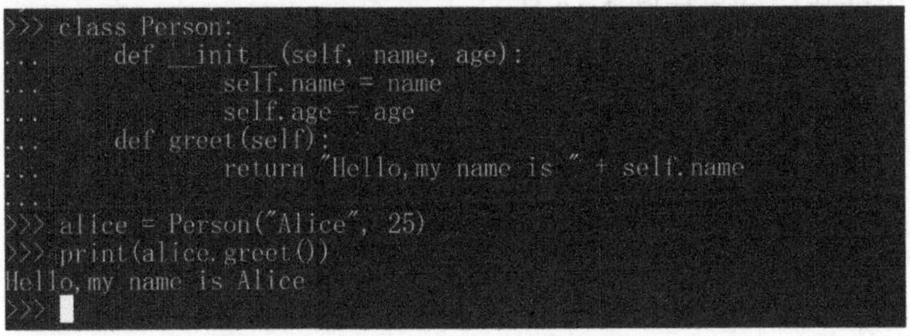

图 2-9

在这个例子中，__init__()方法是一个特殊的方法，它是类的构造函数。当用户使用 Person 类创建一个新的对象时，__init__()方法会被自动调用。

（2）对象

对象是类的实例。用户可以根据类创建对象，每个对象都有自己的属性和方法。例如，用户根据 Person 类创建了一个对象：

```
1   alice = Person("Alice",25)
```

在上述代码中，alice 是一个对象，是 Person 类的一个实例。alice 有自己的 name 属性和 age 属性，并且可以调用 greet 方法。

面向对象编程的优点在于允许用户根据实际需求创建复杂的数据结构，并将数据和数据处理方法封装在一起，使代码更容易理解和维护。

5. 模块和包

在 Python 中，模块和包是用于组织代码的重要工具。

（1）模块

模块是指一个包含 Python 代码的 py 文件，可以在这个文件中定义函数、类和变量。用户可以在其他 py 文件中使用 import 关键字导入模块，并使用模块中定义的函数、类和变量。例如，使用 import 关键字导入 Python 标准库中的模块，如 math、datetime。

用户可以这样导入 math 模块，并使用其中的 pi 和 sqrt 函数：

```
1   import math
2
3   print(math.pi)  # 输出 π 的值
4   print(math.sqrt(16))  # 输出 4，即 16 的平方根
```

上述代码的执行结果如图 2-10 所示。

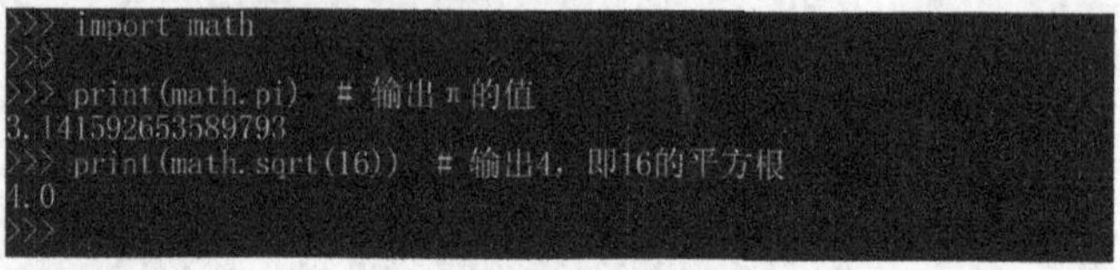

图 2-10

（2）包

包是一个包含多个模块的目录，每个包都有一个 __init__.py 文件，这个文件可以是空的，也可以包含一些初始化代码或定义 __all__ 变量。包是一种组织多个模块的方式，使这些模块可以按照层次结构进行封装。

例如，用户可以导入一个名为 mypackage 的包，并使用其中的 mymodule 模块：

```
1    import mypackage.mymodule
```

此外，Python 提供了一种从模块中导入特定函数或类的方式：

```
1    from math import sqrt
2    print(sqrt(16))
```

在上面的例子中，只要导入 math 模块中的 sqrt()函数，就可以直接使用这个函数，不需要使用模块名作为前缀，这可以提高编写代码的效率。

Python 的标准库提供大量、实用的模块，如用于文件输入输出的 os 与 shutil、用于正则表达式处理的 re、用于日期时间处理的 datetime 等。此外，Python 支持大量第三方库，如用于科学计算的 numpy 和 scipy、用于数据分析的 pandas、用于机器学习的 Scikit-Learn 和 tensorflow 等，这些模块和第三方库使 Python 成为一种强大而灵活的编程语言。

至此，讲解了 Python 基础语法的核心部分，掌握它们可以帮助读者理解和编写 Python 程序。接下来会更深入地探讨 Python 的其他特性。

2.1.3 Python 其他特性

1. 数据类型转换

在 Python 中，当需要在不同的数据类型之间进行转换时，可以使用一些内置的转换函数。这些转换函数允许用户从一个数据类型转换为另一个数据类型。下面是一些常用的转换函数。

（1）int()

int()函数可将一个字符串或浮点数转换为整数。如果传入一个字符串，则该字符串应是整数形式的，否则将会出现错误。如果传入一个浮点数，则函数会向下取整。下面举一个例子：

```
1   print(int('123'))    # 输出：123
2   print(int(12.34))     # 输出：12
```

（2）float()

float()函数将一个字符串或整数转换为浮点数。如果传入一个字符串，则该字符串应是浮点数或整数形式的，否则将会出现错误。下面举一个例子：

```
1   print(float('123'))    # 输出：123.0
2   print(float(12))       # 输出：12.0
```

（3）str()

str()函数将其他数据类型转换为字符串。几乎所有的数据类型都可以转换为字符串。下面举一个例子：

```
1   print(str(123))        # 输出："123"
2   print(str(12.34))      # 输出："12.34"
3   print(str([1,2,3]))    # 输出："[1,2,3]"
```

> **注意**
>
> 　Python 是一种动态类型的语言，这意味着用户可以在程序运行时改变变量的类型。这些转换函数为这种转换提供了便利。

2. 异常处理

在进行编程时，错误是在运行代码时经常遇到的。有时，用户可能会遇到一些不能预测的错误，或代码可能试图做一些不可能的事情。在这种情况下，Python 会引发一个错误，这个错误被称为异常。如果用户不处理这些异常，则程序会立即停止运行，并打印异常信息。

Python 提供了 try...except 语句处理异常，该语句的使用方法如下：

```
1   try:
```

```
2        # 试图执行的代码块
3    except ExceptionType:
4        # 如果在 try 代码块中引发了 ExceptionType 类型的异常，则执行此部分
5
```

在 try 代码块中，Python 尝试执行代码。如果出现任何异常，则立即停止执行 try 代码块的其余部分，并执行对应的 except 代码块。ExceptionType 是可选的，如果省略，则 except 代码块会捕获所有类型的异常。下面举一个例子进行说明：

```
1    try:
2        print(1 / 0)   # 引发 ZeroDivisionError
3    except ZeroDivisionError:
4        print('You cannot divide by zero!')
5
```

在上面的例子中，尝试用 1 除以 0，由于 0 不能作除数，将引发 ZeroDivisionError。当 Python 遇到这个错误时，会停止执行 try 代码块，并执行 except 代码块，并打印消息"You cannot divide by zero!"。

有时，用户可能不确定会引发什么类型的错误，或想捕获所有的错误，此时可以使用一个不带 ExceptionType 的 except 语句：

```
1    try:
2        print(1 / 0)
3    except:
4        print('An error occurred!')
5
```

在这个例子中，任何在 try 代码块中引发的错误都会被捕获，并打印消息"An error occurred!"。

3. 文件操作

在 Python 中，无论是读取文件内容还是向文件中写入数据，处理文件都是一项常见的任务。Python 提供了一组内置函数，使用户可以轻松地打开文件，并读取或写入内容。

首先，需要使用 open()函数打开一个文件。这个函数需要一个参数，即要打开的文件的名称。该函数会返回一个文件对象，用户可以使用这个对象访问文件的内容。代码如下：

```
1  file = open('example.txt')  # 打开名为 example.txt 的文件
```

然后，使用文件对象的 read()方法读取文件的内容。如果用户想读取整个文件的内容，则可以直接调用 read()方法，不带任何参数。代码如下：

```
1  content = file.read()  # 读取文件的全部内容
2  print(content)  # 打印文件的内容
3
```

如果用户只想读取文件的一部分，则可以给 read()方法传递一个参数，该参数表示想要读取的字符数量。代码如下：

```
1  first_ten_chars = file.read(10)  # 读取文件的前 10 个字符
2  print(first_ten_chars)  # 打印前 10 个字符
3
```

用户也可以使用 write()方法向文件中写入数据。这个方法需要一个参数，即想要写入的内容。代码如下：

```
1  file.write('Hello,World!')  # 向文件中写入"Hello,World!"
```

注意

在使用 write()方法时，用户需要以写入模式或附加模式打开文件，写入模式用 "w" 表示，附加模式用 "a" 表示。如果以写入模式打开文件，则任何原有的内容都会被写入的内容替代。如果以附加模式打开文件，则写入的内容会被添加到文件末尾。

最后，当完成文件操作后，使用 close()方法关闭文件。使用 close()方法是一个好的习惯，因为该方法可以释放系统资源。需要注意，若文件使用 close()方法，则一旦文件被关闭后，就不能再对其进行读写操作了。代码如下：

```
1  file.close()  # 关闭文件
```

在处理文件时，通常使用 with 语句，当完成文件操作后，文件会自动被关闭，无须手动调用 close()方法。代码如下：

```
1  with open('example.txt') as file:
2      content = file.read()
```

```
3    print(content)
4
```

4. 列表推导式

列表推导式提供了一种简洁有效的方式创建列表。列表推导式可以看作是对 for 循环和创建新列表的一种高效组合，可使用简洁的语法实现复杂的列表创建任务。

列表推导式的基本格式为：

```
1    [expression for item in iterable]
```

这个表达式的含义是对于 iterable 中的每一个 item，求解表达式 expression，并将结果作为新列表的元素。

下面的代码使用列表推导式创建了一个包含 10 个平方数的列表：

```
1    squares = [x**2 for x in range(10)]
2    print(squares)
3    # 输出：[0,1,4,9,16,25,36,49,64,81]
4
```

在上面的例子中，iterable 是 range(10)，item 是 x，expression 是 x^2。因此，这个列表推导式的含义是：对于 0 到 9 中的每一个数 x，计算 x 的平方，并将结果作为新列表的元素。

列表推导式还可以包含 if 条件语句。例如，下面的代码使用列表推导式，创建了一个包含 10 个偶数的列表：

```
1    evens = [x for x in range(10) if x % 2 == 0]
2    print(evens)
3    # 输出：[0,2,4,6,8]
4
```

在这个例子中，"if x % 2 == 0" 是一个条件，只有当这个条件为真时，x 才会被添加到新列表中。因此，这个列表推导式的含义是：对于 0~9 的每一个数 x，如果 x 是偶数，则将 x 作为新列表的元素。

通过上述示例，可以看出列表推导式是一种强大的工具，可以用简洁的语法完成复杂的列表创建任务。

5. 迭代器和生成器

在 Python 中，迭代器和生成器是两个非常重要的概念，可用于表示一系列值，但是它们生成和处理这些值的方式不同。迭代器和生成器都可以在需要时生成值，而不是一次生成所有值，这使它们在处理大数据集时非常有用。

（1）迭代器

迭代器是一个对象，它实现了两个特殊的方法：__iter__()和__next__()。__iter__()方法返回迭代器本身，__next__()方法返回迭代器的下一个值。当没有更多值时，__next__()方法抛出一个 StopIteration 异常。

用户可以使用 for 循环或其他迭代结构遍历一个迭代器的所有值。例如，下面的代码定义了一个简单的迭代器，并生成一系列整数：

```
1   class IntegerIterator:
2       def __init__(self,start,end):
3           self.current = start
4           self.end = end
5
6       def __iter__(self):
7           return self
8
9       def __next__(self):
10          if self.current > self.end:
11              raise StopIteration
12          else:
13              result = self.current
14              self.current += 1
15              return result
16
17  # 使用迭代器生成一系列整数
18  for i in IntegerIterator(1,5):
19      print(i)
20  # 输出：1 2 3 4 5
21
```

（2）生成器

生成器是一种特殊的迭代器，它使用更简洁的语法进行定义。生成器函数可定义一个生成器，并使用 yield 语句返回值。

每次调用生成器函数时，会先从上次 yield 的位置恢复执行，然后继续执行，直到遇到下一个 yield 语句为止。当函数执行完毕时，生成器会自动抛出

StopIteration 异常。

以下代码定义了一个生成器，并生成一系列整数：

```
1   def integer_generator(start,end):
2       current = start
3       while current <= end:
4           yield current
5           current += 1
6
7   # 使用该生成器生成一系列整数
8   for i in integer_generator(1,5):
9       print(i)
10  # 输出：1 2 3 4 5
11
```

总而言之，迭代器和生成器都是处理数据流的重要工具。在大多数情况下，用户可以根据个人的喜好和需求选择使用其中之一。通常，生成器更为简洁和易用，因此在实际编程中更为常见。

6. 装饰器

在 Python 编程中，装饰器是一种强大的工具，它允许用户在不修改函数代码的情况下，增加或修改函数的行为。装饰器本质上是一个接受函数作为输入并返回新函数的函数。

（1）装饰器的语法

在 Python 中，装饰器使用@符号作为标识，并放在要修饰的函数之前。下面举一个装饰器的例子：

```
1   @my_decorator
2   def my_function():
3       pass
4
```

在上面的例子中，my_decorator 是一个装饰器，接收 my_function()函数作为参数，并返回一个新的函数。

（2）装饰器的定义

可以这样定义一个基本的装饰器：

```
1  def my_decorator(func):
2      def wrapper():
3          print("Before the function call.")
4          func()
5          print("After the function call.")
6      return wrapper
7
```

这个装饰器接收一个函数 func()，定义并返回一个新的函数 wrapper()。Wrapper()函数在调用 func()之前和之后都打印了一些消息。

下面使用这个装饰器装饰其他函数：

```
1  @my_decorator
2  def say_hello():
3      print("Hello!")
4
5  # 调用函数
6  say_hello()
7
8  # 输出：
9  # Before the function call.
10 # Hello!
11 # After the function call.
12
```

在上面的例子中，say_hello()函数被 my_decorator 装饰，因此 say_hello()函数的行为被修改了，在打印"Hello!"之前和之后，say_hello()函数还会打印其他消息。

（3）装饰器的用途

装饰器在 Python 编程中有很多用途。例如，装饰器可以用于记录日志、检查函数参数、实现类型检查、注册函数为插件等。装饰器是 Python 提供的一种强大而灵活的工具，能帮助用户编写更加清晰和易于维护的代码。

2.1.4　Python 简单实战案例（猜字游戏）

在学习 Python 的基础语法后，接下来进行 Python 实战。通过实战，巩固之前学习的知识，使读者能更好地理解并应用 Python。在这一节中，将编写一个简单的气温转换程序。

首先，需要了解摄氏温度和华氏温度的转换公式。华氏温度转换为摄氏温度的公式为 $C=\dfrac{5}{9}(F-32)$，摄氏温度转换为华氏温度的公式为 $F=\dfrac{5}{9}C+32$。用户可以创建两个函数实现这两种温度之间的转换公式：

```python
1  def f_to_c(fahrenheit):
2      return (fahrenheit - 32) * 5/9
3
4  def c_to_f(celsius):
5      return celsius * 9/5 + 32
6
```

下面需要创建一个用户接口，即人与计算机进行交互的媒介，使用户可以输入温度并进行转换。先使用 Python 内置的 input()函数获取用户的输入，然后将用户输入的字符串转换为浮点数，并将该浮点数传递给转换函数。为了方便输入，使用 C 代替℃，使用 F 代替℉。代码如下：

```python
1  temp_str = input("请输入一个温度（如 32F、100C 等）: ")
2  temp = float(temp_str[:-1])
3  scale = temp_str[-1].upper()
4
5  if scale == "C":
6      result = c_to_f(temp)
7      print(f"{temp}摄氏度等于{result}华氏度。")
8  elif scale == "F":
9      result = f_to_c(temp)
10     print(f"{temp}华氏度等于{result}摄氏度。")
11 else:
12     print("输入的温度格式不正确。")
13
```

- temp_str[:-1]：使用切片操作符。-1 表示最后一个元素，[:-1]表示除了最后一个元素的所有元素。如果 temp_str 为 "100C"，则 temp_str[:-1]为 "100"，这样可以获取温度的数值部分。
- float(temp_str[:-1])：float()函数可将一个字符串转换为浮点数。因此，float(temp_str[:-1])是将温度的数值部分转换为浮点数。
- temp_str[-1]：使用索引操作符。在这个操作符中，-1 表示最后一个元素。

因此，如果 temp_str 为"100C"，则 temp_str[-1]为"C"，这样可以获取温度的单位部分。

- temp_str[-1].upper()：upper()方法可将一个字符串转换为大写形式。因此，temp_str[-1].upper()就是将温度的单位部分转换为大写形式。

下面对上述代码进行测试，在测试之前，需要将上述两段代码保存在一个文件中，文件的后缀必须是".py"。假设文件名为 temperature_conversion.py，保存的文件夹是 MyPythonCode。

以下是测试步骤。

步骤 1 ▶▶ 打开命令提示符。若为 Windows 系统的电脑，可单击屏幕左下角的搜索图标，并在文本框中输入"CMD"或"命令提示符"，即可打开命令提示符。

步骤 2 ▶▶ 使用 cd 命令切换至 Python 代码所在的目录。例如，代码保存在名为 MyPythonCode 的文件夹中，可输入 cd MyPythonCode 切换到这个目录。

小提示

在 Windows 系统中，当前目录与目标目录需要在同一个盘符内才可以切换，需要先切换到目标目录的盘符中，再使用 cd 命令进行切换目录，如图 2-11 所示。

```
Microsoft Windows [版本 10.0.19045.3086]
(c) Microsoft Corporation。保留所有权利。

C:\Users\magicStone>D:

D:\>cd D:\DeskFile\书籍\机器学习入门实战\Code\MyPythonCode
```

图 2-11

步骤 3 ▶▶ 使用 python 命令运行编写的代码。输入 python temperature_conversion.py 运行之前写好的代码。

步骤 4 ▶▶ 按照程序的提示输入温度后，按回车键，即可看到转换后的温度，如图 2-12 所示。

```
D:\DeskFile\书籍\机器学习入门实战\Code\MyPythonCode>python temperature_conversion.py
请输入一个温度（如32F、100C等）：100C
100.0摄氏度等于212.0华氏度
```

图 2-12

图 2-12 中的代码首先提示用户输入一个温度，然后提取输入字符串的最后一个字符（C 或 F），此字符代表温度的单位，根据这个单位决定使用哪个转换函数。最后，将转换的结果打印出来。如果用户的输入不符合预期格式，则程序将打印出一个错误消息，如图 2-13 所示。

```
D:\DeskFile\书籍\机器学习入门实战\Code\MyPythonCode>python temperature_conversion.py
请输入一个温度（例如，32F, 100C等）: fghjk
Traceback (most recent call last):
  File "D:\DeskFile\书籍\机器学习入门实战\Code\MyPythonCode\temperature_conversion.py", line 8, in <module>
    temp = float(temp_str[:-1])
ValueError: could not convert string to float: 'fghj'

D:\DeskFile\书籍\机器学习入门实战\Code\MyPythonCode>
```

图 2-13

到此为止，一个简单的 Python 程序就完成了。这个小程序虽然简单，但它包含了 Python 的基础语法：变量、数据类型、函数和控制流。通过这次的实战，读者可以更好地理解和掌握 Python 编程。

接下来，将介绍另一个 Python 实战案例：编写一个简单的猜数字游戏。在这个游戏中，计算机会生成一个 1~100 的随机数，用户的目标是尽快猜出这个数字。

在 Python 中，用户可以使用内置的 random 模块生成随机数。接下来的实战会使用到这个模块。

下面是猜数字游戏的完整代码：

```
1   # 引入 random 模块
2   import random
3
4   # 计算机生成一个 1~100 的随机数
5   target_num = random.randint(1,100)
6
7   # 该变量记录用户猜测次数
8   guess_times = 0
9
10  # 使用一个无限循环，使用户不断输入猜测
11  while True:
12      # 提示用户输入一个数字，并将用户的输入转换为整数
13      user_num = int(input("请输入你猜的数字："))
14
15      # 更新猜测次数
16      guess_times += 1
```

```
17
18      # 判断用户的猜测是否正确，并给出相应的反馈
19      if user_num < target_num:
20          print("太小了")
21      elif user_num > target_num:
22          print("太大了")
23      else:
24          print(f"恭喜，你猜中了！总共猜了{guess_times}次。")
25          break  # 如果猜中了数字，则结束循环
26
```

上述代码的执行结果如图 2-14 所示。

图 2-14

猜数字游戏涉及一些重要的 Python 编程元素，包括模块导入、变量使用、用户输入、while 循环、条件语句、字符串的格式化输出。

2.1.5　Python 高级实战案例（网络爬虫）

下面会通过一个稍微复杂的实战案例，介绍 Python 中常用的高级语法和技巧。在这个案例中，将实现一个简单的网络爬虫，并抓取一些网页数据。

1. 导入必要的库

在开始之前，需要导入一些必要的库：

```
1   import requests
2   from bs4 import BeautifulSoup
3   import csv
4
```

requests 是一个用于发送 HTTP 请求的 Python 库，它简化了内置库 urllib 的用

法，使发送 HTTP 请求变得更加容易。

BeautifulSoup 是一个用于解析 HTML 和 XML 文档的 Python 库，在进行网络爬虫时可抓取和解析网页数据。

csv 模块是 Python 的内置库，用于读取和写入 CSV（Comma-Separated Values）文件。CSV 文件可以被看成是简化版的表格，常用于数据的存储和交换。

2. 获取网页内容

下面定义一个函数，用于获取网页的 HTML 内容：

```
1  def get_html(url):
2      response = requests.get(url)
3      response.raise_for_status()  # 如果请求发生错误，则会抛出异常
4      return response.content.decode('utf-8')  # 使用 UTF-8 编码或解码响
应内容
5
```

在上面的代码中，需要掌握如下知识。

- response = requests.get(url)：向指定的 URL 发送 GET 请求，并将响应对象存储到变量 response 中。get()是 requests 库的一个函数，用于发送 GET 请求。
- response.raise_for_status()：检查请求是否成功。如果请求发生错误（如发生 404 错误，即服务器未找到请求的网页），则 raise_for_status()函数会抛出一个 HTTPError 异常。
- return response.content.decode('utf-8')：获取网络请求响应的内容，并将其转换为 UTF-8 编码的字符串。

3. 解析 HTML 内容

使用 BeautifulSoup 解析 HTML 文档，提取出需要的数据，并把这个步骤封装在一个函数中：

```
1  def parse_html(html):
2      # 使用 BeautifulSoup 解析 HTML 文档，使用 html.parser 作为解析器
3      soup = BeautifulSoup(html,'html.parser')
4
5      data = []  # 创建一个空列表，用于存储爬取的数据
6
7      # 遍历 HTML 文档中所有的超链接
```

```
8       for row in soup.select('a[href]'):
9
10          # 在当前的 a 标签中，查找所有的 span 标签
11          cols = row.select('span')
12
13          # 如果在当前的 a 标签中找到了 span 标签
14          if cols:
15              # 则遍历当前的 span 标签列表，获取每个 span 标签的文本内容，去除前
16          后的空格，并将其添加到数据列表中
17              data.append([col.get_text(strip=True) for col in cols])
18
19      # 返回收集的数据
20      return data
21
```

这段代码抓取 HTML 中所有 a 标签的内容，以及这些 a 标签下的所有 span 标签的内容。注意，这个代码假定关心的信息都包含在 span 标签内，并且所有的 span 标签都嵌套在 a 标签内。如果实际的 HTML 结构有所不同，则用户可能需要修改代码以适应实际的 HTML 结构。

4. 保存为 CSV 文件

把需要提取的数据保存为 CSV 文件，将上述操作封装在一个函数中：

```
1  def save_to_csv(data,filename):
2      with open(filename,'w',newline='') as f:  # 使用 w 模式打开文件，如
3      果文件已存在，则清空原有内容
4          writer = csv.writer(f)   # 创建一个 CSV 文件写入器
5          writer.writerows(data)   # 将数据写入 CSV 文件
6
```

5. 定义主函数

现在已经准备好了所有的辅助函数，下面定义一个主函数：

```
1  def main(url,filename):
2      html = get_html(url)   # 使用 get_html()函数获取网页的 HTML 文档
3      data = parse_html(html)  # 使用 parse_html()函数解析 HTML 文档，并获
4      取需要的数据
5      save_to_csv(data,filename)  # 使用 save_to_csv()函数将获取的数据保
```

```
6          存到 CSV 文件中
7
```

上述代码定义了一个名为 main()的函数，该函数接收两个参数：网址和文件名。首先，该函数调用 get_html()函数，获取网址对应的 HTML 文档，然后调用 parse_html()函数解析 HTML 文档，并获取需要的数据，最后调用 save_to_csv()函数，将获取的数据保存到 CSV 文件中。

至此，网络爬虫代码就编写完成了，可以这样调用这段代码：

```
1    main('http://example.com/some-page','output.csv')    #网址需要替换为自
2    己的爬虫网址
```

> **注意**
>
> 用户需要将上述代码的网址 http://example.com/some-page 替换为自己需要爬虫的网址。

在这个案例中，使用了许多 Python 的特性，如函数定义、异常处理、列表推导式、文件操作、第三方库的使用。

2.2 数据科学库

在 Python 中，许多库或模块是专为数据科学和机器学习设计的，这些库或模块为数据处理、数据分析、数据统计、机器学习等提供了强大的功能。本小节将介绍两个非常重要的数据科学库：NumPy 和 Pandas。

2.2.1 NumPy

NumPy 是 Numerical Python 的简称，是重要的 Python 数值计算包。在介绍 NumPy 前，首先需要了解为什么 NumPy 对数据科学和机器学习如此重要。在大量的数据运算中，Python 自身提供的 list 效率并不高，而 NumPy 提供了高效的多维数组对象，使复杂的数学计算变得更简单、快速。

1. 安装 NumPy

NumPy 的安装非常简单，只需在命令行或终端中使用 pip 工具进行安装：

```
1  pip install numpy
```

如果成功安装 NumPy，则会出现如图 2-15 所示的界面。

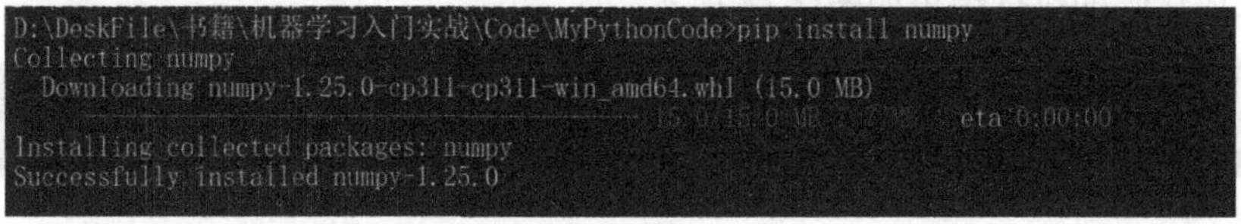

图 2-15

2. 创建 NumPy 数组

NumPy 的核心功能是 ndarray，即 n-dimensional array，该功能支持多维数组。用户可以使用 numpy.array()函数，从 Python 列表中创建数组。下面举一个简单的例子：

```
1  # 导入 NumPy
2  import numpy as np
3
4  # 创建一个一维 NumPy 数组
5  a = np.array([1,2,3,4,5])
6
7  print(a)
8  # 输出: array([1,2,3,4,5])
9
```

上述代码的执行结果如图 2-16 所示。

图 2-16

同样，可以创建二维甚至更高维度的数组：

```
1  # 导入 NumPy
2  import numpy as np
3
4  # 创建一个二维 NumPy 数组
5  b = np.array([[1,2,3],[4,5,6]])
6
7  print(b)
8  # 输出:
```

```
9  # array([[1,2,3],
10 #        [4,5,6]])
```

上述代码的执行结果如图 2-17 所示。

```
D:\DeskFile\书籍\机器学习入门实战\Code\MyPythonCode>python NumPy 二维数组示例.py
[[1 2 3]
 [4 5 6]]
```

图 2-17

3. 数组操作

NumPy 数组支持许多数学操作，这些操作会应用于数组中的每一个元素，这被称为数组的矢量化（Vectorization）。使用这些数学操作会使代码更简洁，运行速度也更快。

例如，可以将每个元素乘一个数，或进行更复杂的数学操作：

```
1  # 导入 NumPy
2  import numpy as np
3
4  a = np.array([1,2,3,4,5])
5
6  b = a * 2  # 每个元素乘 2
7
8  print(b)
9  # 输出: array([ 2, 4, 6, 8,10])
10
11 c = np.sqrt(a)   # 每个元素求平方根
12
13 print(c)
14 # 输出: array([1.        ,1.41421356,1.73205081,2.          ,
15 # 2.23606798])
16
```

上述代码的执行结果如图 2-18 所示。

```
D:\DeskFile\书籍\机器学习入门实战\Code\MyPythonCode>python NumPy 数组操作示例.py
[ 2  4  6  8 10]
[1.         1.41421356 1.73205081 2.         2.23606798]
```

图 2-18

4. 索引与切片

与 Python 的 list 类似，NumPy 数组支持索引和切片操作：

```
1   a = np.array([1,2,3,4,5])
2
3   # 索引操作
4   print(a[0])        # 输出：1
5
6   # 切片操作
7   print(a[1:3])      # 输出：array([2,3])
8
```

在处理二维或更高维度的数组时，NumPy 数组的索引和切片操作功能更为强大：

```
1    b = np.array([[1,2,3],[4,5,6]])
2
3    # 索引操作
4    print(b[0,1])  # 输出：2
5
6    # 切片操作
7    print(b[:,1:3])
8    # 输出：
9    # array([[2,3],
10   #        [5,6]])
11
```

上述代码的执行结果如图 2-19 所示。

图 2-19

NumPy 数组的索引和切片操作是原地操作，即这些操作并不会创建新的数组，而是提供原数组的视图。这意味着当修改切片或索引得到数组时，原数组也会被修改。

在上面的代码中，需要掌握如下知识。

- print(b[0,1])：这行代码用于从数组 b 中取值。在 NumPy 中，可以通过 [row_index，column_index]的方式索引二维数组。这里的 [0,1]意味着取第一行第二列的元素。在 Python 中，索引是从 0 开始的。所以这行代码的输出结果是 2。

- print(b[:,1:3])：这行代码用于对数组 b 进行切片操作。在 NumPy 中，":"代表取所有的元素，"1:3"代表取索引 1 到索引 3（不包括索引 3）的元素。所以，[:,1:3]代表取所有行的第二列和第三列元素。因此，这行代码的输出结果是一个新的二维数组，包含原数组中的第二列和第三列元素，即[[2,3],[5,6]]。

5. 条件索引

在 NumPy 中，用户可以使用条件表达式索引数组。这是一种非常强大的功能，可以使用户根据某个条件选择数组中的元素。例如，用户可以选择数组中所有大于 2 的元素：

```
1   a = np.array([1,2,3,4,5])
2
3   # 条件索引
4   b = a[a > 2]
5
6   print(b)  # 输出: array([3,4,5])
7
```

上述代码的执行结果如图 2-20 所示。

```
D:\DeskFile\书籍\机器学习入门实战\Code\MyPythonCode>python NumPy条件索引.py
[3 4 5]
```

图 2-20

6. 广播（Broadcasting）

广播是 NumPy 中处理不同大小数组的强大工具。例如，用户可能有一个较小的数组和一个较大的数组，并且希望使用较小的数组多次完成某些操作，从而能处理较大的数组。例如：

```
1   import numpy as np
2
3   a = np.array([1,2,3])
4   b = np.array([1,2])
5
6   # 将一个值加到一个数组的每个元素上
```

```
result = a + 5
print(result)  # 输出: array([6,7,8])

# 将一个数组加到另一个数组的每一行上
A = np.array([[1,2,3],[4,5,6],[7,8,9]])
result = A + a
print(result)
# 输出:
# array([[ 2, 4, 6],
#        [ 5, 7, 9],
#        [ 8,10,12]])

```

上述代码的执行结果如图 2-21 所示。

```
D:\DeskFile\书籍\机器学习入门实战\Code\MyPythonCode>python NumPy广播示例.py
[6 7 8]
[[ 2  4  6]
 [ 5  7  9]
 [ 8 10 12]]

D:\DeskFile\书籍\机器学习入门实战\Code\MyPythonCode>
```

图 2-21

广播的使用方法为：如果两个数组在某个维度的长度是相同的，或两个数组中的一个数组在该维度的长度为 1，则这两个数组在该维度上是兼容的。如果两个数组在所有维度上都是兼容的，则这两个数组就可以使用广播。

在上面的代码中，result = A + a 这行代码将数组 a 加到数组 A 的每一行上。由于数组 a 和数组 A 的形状不同，数组 a 是一个长度为 3 的一维数组，数组 A 是一个 3x3 的二维数组，在这种情况下，就需要广播。数组 a 被广播到数组 A 的每一行上，再执行加法操作。因此，输出的结果是一个新的二维数组，每个元素都是对应元素相加的结果。

7. 聚合

NumPy 提供在数组上进行聚合操作的函数，如计算数组的总和、平均值、最大值、最小值等。下面是一些示例：

```
import numpy as np

a = np.array([1,2,3,4,5])

```

```
5   # 求和
6   result = np.sum(a)
7   print(result)   # 输出: 15
8
9   # 求平均值
10  result = np.mean(a)
11  print(result)   # 输出: 3.0
12
13  # 求最大值
14  result = np.max(a)
15  print(result)   # 输出: 5
16
17  # 求最小值
18  result = np.min(a)
19  print(result)   # 输出: 1
20
```

上述代码的执行结果如图 2-22 所示。

图 2-22

8. 排序

NumPy 提供了 np.sort()函数，用于对数组中的元素进行排序，例如：

```
1   import numpy as np
2
3   a = np.array([2,4,1,5,3])
4
5   # 排序
6   result = np.sort(a)
7
8   print(result)   # 输出: array([1,2,3,4,5])
9
```

上述代码的执行结果如图 2-23 所示。

```
D:\DeskFile\书籍\机器学习入门实战\Code\MyPythonCode>python NumPy排序.py
[1 2 3 4 5]

D:\DeskFile\书籍\机器学习入门实战\Code\MyPythonCode>
```

图 2-23

上面这些功能都是 NumPy 的核心功能，在数据科学和机器学习中经常使用。有了这些工具，用户将能更有效地处理和分析数据。

2.2.2　Pandas

Pandas 是 Python 的一个数据处理库，提供大量操作和分析数据的功能。Pandas 主要支持两种数据结构：Series 和 DataFrame。

1. 导入 Pandas

Pandas 是一个开源的 Python 数据处理库，提供高效、易用的数据结构，如 Series 和 DataFrame。Pandas 具有强大的数据处理和清洗功能，非常适合进行数据分析。

在使用 Pandas 前，需要先进行导入：

```
1  import pandas as pd
```

在这里，使用 pd 作为 Pandas 的别名，这是约定俗成的做法。

2. Series

Series 是 Pandas 的一种数据结构，是类似于数组的一维对象。用户可以用 Python 的列表创建一个 Series：

```
1  import pandas as pd
2
3  s = pd.Series([1,2,3,4,5])
4  print(s)
5
```

上述代码的执行结果如图 2-24 所示。

```
D:\DeskFile\书籍\机器学习入门实战\Code\MyPythonCode>python Pandas_Series数据结构创建示例.py
0    1
1    2
2    3
3    4
4    5
dtype: int64

D:\DeskFile\书籍\机器学习入门实战\Code\MyPythonCode>
```

图 2-24

在 Series 中，左边是索引，右边是值。Pandas 会自动为用户创建整数索引。

提示

Python 自身并不包含 Pandas，它是一个需要独立安装的第三方库。如果用户使用的是一个新的 Python 环境，则可能还没有安装 Pandas。

- 如果用户使用 pip 管理 Python 包，则可以通过在终端输入 pip install pandas 安装 Pandas。
- 如果用户使用 conda 作为 Python 环境和包管理器，则用户可以在终端输入 conda install pandas 安装 Pandas。

3. DataFrame

DataFrame 是 Pandas 中最常用的数据结构，是二维的、表格型的数据结构。下面用 Python 的字典创建一个 DataFrame：

```python
import pandas as pd

data = {
    'name': ['John','Anna','Peter','Linda'],
    'age': [28,24,35,32],
    'city': ['New York','Paris','Berlin','London']
}

df = pd.DataFrame(data)
print(df)
```

DataFrame 的数据结构如图 2-25 所示。

```
D:\DeskFile\书籍\机器学习入门实战\Code\MyPythonCode>python NumPy_DataFrame数据结构示例.py
    name  age      city
0   John   28  New York
1   Anna   24     Paris
2  Peter   35    Berlin
3  Linda   32    London

D:\DeskFile\书籍\机器学习入门实战\Code\MyPythonCode>
```

图 2-25

在上面的 DataFrame 中，每一行表示一个观察值（或是一个样本），每一列表示一个变量。DataFrame 既有行索引也有列索引，用户可以用这些索引选择感兴趣的数据。

4．Pandas 的数据操作

Pandas 的数据提供了许多强大的数据操作，下面介绍一些常用的操作。

（1）数据选择

在 Pandas 中，用户可以使用多种方式选择数据。例如，用户可以使用列名选择一个或多个列：

```
1  print(df['name'])  # 选择 name 列
2  print(df[['name','age']])  # 选择 name 和 age 列
3
```

print(df[['name', 'age']])这行代码选择 name 和 age 列，并将其打印出来。用户可以通过传入一个包含列名的列表，在 DataFrame 中选择多个列，这将返回一个新的 DataFrame，该 DataFrame 包含原 DataFrame 中的选定列。因此，df[['name', 'age']]将返回一个新的 DataFrame，新的 DataFrame 仅包含 name 和 age 两列的数据。

当用户选择单列时可使用单括号，如 df['name']；选择多列时使用双括号，如 df[['name', 'age']]）。这是因为在选择多列时，实际上是向 DataFrame 传递了一个列表，而列表需要用括号进行定义。

用户可以使用 loc 和 iloc 进行更复杂的数据选择：

```
1  print(df.loc[0])  # 选择第一行
2  print(df.loc[0,'name'])  # 选择第一行的 name 列
3  print(df.iloc[0,0])  # 使用整数索引选择第一行的第一列
4
```

在上面的代码中，需要掌握如下知识。

- 在 Pandas 中，loc 和 iloc 是两种基于标签和整数位置（利用整数索引选择数据）的索引方式。
- print(df.loc[0])：这行代码通过 loc 属性选择标签为 0 的行，并将其打印出来。在 Pandas 中，可使用 DataFrame.loc[row_label]选择一个单独的行，这将返回一个 Series 对象，该对象包含所选择的行的数据。
- print(df.loc[0,'name'])：这行代码使用 loc 属性，选择标签为 0 的行和标签为 name 的列的交叉点，并将其打印出来。在 Pandas 中，可以使用

DataFrame.loc[row_label，column_label]选择特定行和列的数据。

- print(df.iloc[0,0])：这行代码使用 iloc 属性选择第一行和第一列的交叉点，并将其打印出来。与 loc 不同，iloc 是基于整数位置的索引，而不是基于标签。因此，DataFrame.iloc[row_integer,column_integer]将选择特定行和列的数据。在这里，由于 Python 的索引是从 0 开始的，iloc[0,0]将选择第一行的第一列。

- 在 Pandas 中，行标签和列标签可以是任意的哈希类型，包括但不限于整数和字符串类型。整数位置索引始终是从 0 开始的整数。

（2）数据过滤

用户可以使用布尔表达式过滤数据：

```
1   print(df[df['age'] > 30])   # 选择年龄大于 30 的所有行
2
```

在上面的代码中，需要掌握如下知识。

- df['age'] > 30：这个表达式会返回一个布尔 Series，Series 的长度与 DataFrame 的行数相同。每个元素代表对应行的 age 列是否大于 30。如果大于 30，则对应的元素为 True，否则为 False。

- df[df['age'] > 30]：这个表达式会选择 DataFrame 中对应 True 的行，用户可以通过在 DataFrame 的索引操作符[]内部传入一个布尔 Series，从而选择满足条件的行。

（3）数据排序

用户可以使用 sort_values()函数对数据进行排序：

```
1   print(df.sort_values('age'))   # 按照 age 列进行排序
2
```

（4）数据统计

Pandas 提供了许多统计函数，如 mean()、median()、min()、max()。下面计算 age 列的平均值和最大值：

```
1   print(df['age'].mean())   # 计算 age 列的平均值
2   print(df['age'].max())    # 计算 age 列的最大值
3
```

（5）数据处理

Pandas 提供了许多数据处理的函数。例如，可以使用 apply()函数对数据进行处理：

```
1  def age_category(age):
2      if age < 30:
3          return 'Young'
4      else:
5          return 'Old'
6
7  df['age_category'] = df['age'].apply(age_category)
8  print(df)
```

上述代码会添加一个 age_category 列，该列的值由 age 列的值通过 age_category 函数计算得到。

df['age_category'] = df['age'].apply(age_category) 这 行 代 码 对 age 列 应 用 age_category()函数。Apply()函数接受一个函数，并将这个函数应用到 DataFrame 或 Series 的每一个元素上。在这种情况下，apply()函数先对 age 列的每一个元素应用 age_category()函数，然后将结果赋值给新的列 age_category。因此，新的列 age_category 包含每个人的年龄类别。

5. 数据合并

Pandas 提供 merge()和 concat()这两种数据合并的方法。

（1）merge()方法

Merge()方法用于合并两个 DataFrame。假设有两个 DataFrame，一个包含员工的基本信息，另一个包含员工的薪水信息，那么可以使用 merge()方法合并这两个 DataFrame：

```
1  df1 = pd.DataFrame({'employee': ['Bob','Jake','Lisa'],
2                      'group': ['Accounting','Engineering','Engineering']})
3  df2 = pd.DataFrame({'employee': ['Lisa','Bob','Jake'],
4                      'salary': [70000,80000,120000]})
5  df3 = pd.merge(df1,df2)
6  print(df3)
7
```

上述代码的执行结果如图 2-26 所示。

图 2-26

　　df3 = pd.merge(df1,df2)这行代码使用 merge()方法，将 df1 和 df2 合并到一起。在默认情况下，merge()方法将在两个 DataFrame 中找到公共的列，在上面的案例中是 employee 列，并基于这个公共列的值，将 df1 和 df2 的行合并到一起，这种合并方式被称为内连接（Inner Join），这种合并方式只保留在两个 DataFrame 中共有键的那一行。

　　（2）concat()方法

　　concat()方法用于将多个 DataFrame 沿着垂直方向或水平方向进行连接：

```
1  df1 = pd.DataFrame({'A': ['A0','A1','A2','A3'],
2                      'B': ['B0','B1','B2','B3']})
3  df2 = pd.DataFrame({'A': ['A4','A5','A6','A7'],
4                      'B': ['B4','B5','B6','B7']})
5  df3 = pd.concat([df1,df2])
6  print(df3)
7
```

　　上述代码的执行结果如图 2-27 所示。

图 2-27

　　df3 = pd.concat([df1，df2])这行代码使用 Pandas 的 concat()方法，将 df1 和 df2 按照行（纵向）进行拼接。concat()方法接受一个 DataFrame 作为输入，并将这些 DataFrame 在同一个方向上拼接到一起。默认情况下，concat()方法按照行

（axis=0）进行拼接。如果用户希望按照列进行拼接，则可以通过设置参数 axis=1
实现。

6. 数据重塑

Pandas 提供了 pivot()和 melt()方法进行数据重塑。

（1）pivot()*方法*

pivot()方法用于将长格式的数据转换为宽格式的数据，例如：

```
1  df  =  pd.DataFrame({'date':  ['2015-01-01','2015-01-01','2015-01-
02','2015-01-02'],
2                  'variable': ['A','B','A','B'],
3                  'value': [1,2,3,4]})
4  df_pivot = df.pivot(index='date',columns='variable',values='value')
5  print(df_pivot)
6
```

上述代码的执行结果如图 2-28 所示。

图 2-28

df_pivot　=　df.pivot(index='date',columns='variable',values='value') 这 行 代 码 使 用
Pandas 的 pivot()方法，将长格式的 DataFrame 转化为宽格式。pivot()方法接受三个参
数：index、columns 和 values。在这种情况下，date 列设置为索引，variable 列的值转
化为新的列名，value 列的值填充到新的列中。此时会创建一个新的 DataFrame，每个
日期只有一行，每个 variable 只有一列，value 列的值会填充到相应位置。

（2）melt()*方法*

melt()方法用于将宽格式的数据转换为长格式的数据，例如：

```
1  df = pd.DataFrame({'A': {0: 'a',1: 'b',2: 'c'},
2                  'B': {0: 1,1: 3,2: 5},
3                  'C': {0: 2,1: 4,2: 6}})
4  df_melt = df.melt(id_vars=['A'],value_vars=['B','C'])
5  print(df_melt)
6
```

上述代码的执行结果如图 2-29 所示。

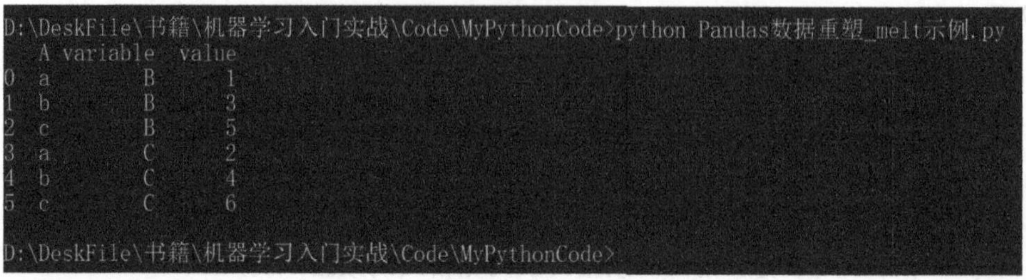

图 2-29

df_melt = df.melt(id_vars=['A'],value_vars=['B','C'])这行代码使用 Pandas 的 melt()
方法，将宽格式的 DataFrame 转化为长格式。melt()方法接受 id_vars 和 value_vars
这两个主要参数。id_vars 定义了需要保留的列，这些列的数据不会被改变；
value_vars 定义了需要转化为长格式的列。在上面的例子中，A 列的值保持不变，
B 列和 C 列的值被转化为长格式。melt()方法将创建一个新的 DataFrame，原始数
据中被指定为 value_vars 的列中，每个值都将出现在新 DataFrame 的单独一行中，
列会被转化为新的列 variable，值会被转化为新的列 value。

7. 字符串处理

Pandas 提供了 str()方法，便于进行字符串处理。例如，用户可以使用 str.lower()
方法，将字符串转换为小写：

```
1   df = pd.DataFrame({'A': ['aBc','IJK','XYZ'],
2                      'B': ['abc','ijk','xyz']})
3   df['A'] = df['A'].str.lower()
4   print(df)
5
```

上述代码的执行结果如图 2-30 所示。

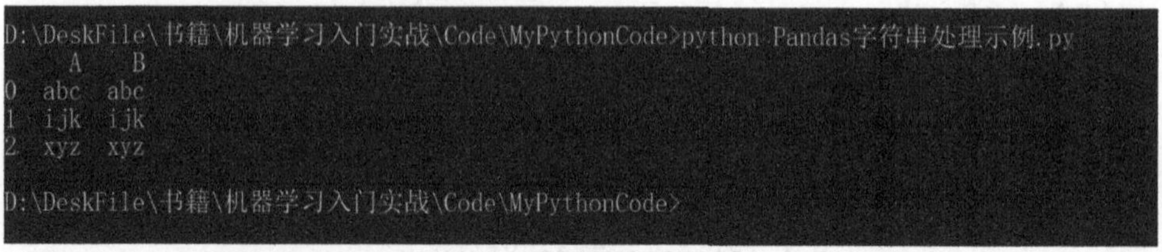

图 2-30

8. 时间序列处理

Pandas 提供了丰富的时间序列处理方法。例如，用户可以使用 to_datetime()方法，将字符串转换为日期：

```
1  df = pd.DataFrame({'date': ['2015-01-01','2015-01-02','2015-01-03']})
2  df['date'] = pd.to_datetime(df['date'])
3  print(df)
4
```

上述代码的执行结果如图 2-31 所示。

```
D:\DeskFile\书籍\机器学习入门实战\Code\MyPythonCode>python Pandas时间序列处理示例.py
        date
0  2015-01-01
1  2015-01-02
2  2015-01-03

D:\DeskFile\书籍\机器学习入门实战\Code\MyPythonCode>
```

图 2-31

df['date'] = pd.to_datetime(df['date'])这行代码使用 Pandas 的 to_datetime()函数，将 date 列的数据从字符串格式转换为日期格式。to_datetime()函数接受一个字符串或字符串列表，并将它们转换为 Pandas 的 Timestamp 对象。Timestamp 对象是 Pandas 用来表示日期和时间的数据类型。这行代码将转换后的日期赋值给 date 列，并使用 date 列替换原来的字符串数据。

用户可使用 dt 属性访问日期的属性：

```
1  print(df['date'].dt.year)    # 获取年份
2  print(df['date'].dt.month)   # 获取月份
3  print(df['date'].dt.day)     # 获取日期
4
```

提示

dt 是 pandas.Series 对象的一个属性访问器，提供了访问 Timestamp 对象属性的方法。在上述例子中，dt 访问 date 列的每个元素。这些元素是 Timestamp 对象，因为这些元素已经使用 to_datetime()函数转换为日期时间格式了。

2.2.3 数据科学库案例（电商网站）

下面使用数据科学库处理一个电商网站的销售数据。这些销售数据包括产品的价格、销售数量、销售日期等信息。下面将使用 NumPy 和 Pandas 分析这些数据。

首先，模拟一些销售数据：

```
1   import numpy as np
2   import pandas as pd
3
4   data = {
5       'Product': ['Apple','Banana','Cherry','Apple','Banana','Cherry'],
6       'Price': np.random.uniform(1,10,6),
7       'Quantity': np.random.randint(1,10,6),
8       'Date': pd.date_range('20230101',periods=6)
9   }
10  df = pd.DataFrame(data)
11
```

上述代码生成了一份销售数据，包含产品的名称（Product）、价格（Price）、销售数量（Quantity）和销售日期（Date）。

用户可以对销售数据进行分析，如查看每种产品的平均销售价格：

```
1   print(df.groupby('Product')['Price'].mean())
```

提示

df.groupby('Product')调用了 Pandas DataFrame 的 groupby()方法，以 Product 列的值为依据，对数据进行分组。分组后的结果是一个 GroupBy 对象，每个分组对应 Product 列中的一个唯一值，每个分组包含了所有在 Product 列中具有相同值的行。

此外，用户可查看某一天的总销售额：

```
1   df['Sales'] = df['Price'] * df['Quantity']   # 创建新的列 Sales,Sales
为 Price 和 Quantity 的乘积
2   print(df.groupby('Date')['Sales'].sum())   # 查看每天的总销售额
3
```

通过这种方式，可以方便地对数据进行分组，并进行统计分析，这对理解用户的销售数据非常有帮助。

至此，电商网站案例就讲解完了，在此案例中使用 NumPy 和 Pandas 对数据进行分析。在实际的业务场景中，数据通常会更为复杂，可能需要进行更多数据清洗、预处理操作，但基本思路和方法是类似的。

2.3 机器学习库

在数据科学的领域中，机器学习无疑是重要的组成部分。机器学习可使用户从数据中提取有用的信息和模式，并利用这些信息和模式进行预测和决策。Python 社区为用户提供了丰富的机器学习库，这些库功能强大，适用于不同的任务和应用场景。本节将详细介绍三个重要的机器学习库，分别为 Scikit-Learn、TensorFlow 和 Keras。

Scikit-Learn 是 Python 中最流行的通用机器学习库之一，提供了大量的机器学习算法，包括分类、回归、聚类等，并提供了处理数据、评估模型等全套工具；TensorFlow 是一个强大、灵活的库，主要用于深度学习，但也可以用于其他类型的机器学习任务；Keras 是基于 TensorFlow 的一个高级 API，设计目标是使深度学习模型的构建和训练变得更加快速、简单。

下面详细介绍这三个机器学习库，并通过实例理解它们的基本用法和特性。

2.3.1 Scikit-Learn

Scikit-Learn 是开源的机器学习库，提供了很多有效和广泛使用的机器学习算法。Scikit-Learn 包括清晰、统一、简洁的 API，以及丰富的在线文档和社区支持，这些特性使 Scikit-Learn 成为数据分析和建立机器学习模型的首选库之一。

在 Scikit-Learn 中，每种机器学习算法都被实现为一个可估计（Estimator）的对象。这些对象都包含 fit()方法和 predict()方法，fit()方法用于训练模型，predict()方法用于进行预测。

Scikit-Learn 为用户提供了大量的机器学习算法，这些算法大致可以分为如下类别。

- 监督学习：包括回归（线性回归、决策树回归、支持向量回归）、分类（逻辑回归、k-近邻算法、决策树分类、支持向量机）等算法。

- 无监督学习：包括聚类（k-means、谱聚类、层次聚类）、降维（主成分分析、非负矩阵分解、t-SNE）等算法。
- 模型选择和评估：包括交叉验证、网格搜索、模型持久化等算法。
- 预处理：包括特征提取、特征选择、数据缩放、数据编码等算法。

下面以线性回归为例，介绍 Scikit-Learn 的使用方法。

线性回归是一种监督学习算法，该算法试图建立输入（特征）和输出（目标变量）之间的线性关系。在二维空间中，这个关系可以被表示为一条直线，但在更高维度的空间中，这个关系是一个超平面。

提示

在机器学习中，特征被用来描述数据的各种量化属性。例如，如果用户正在建立一个预测房价的模型，则房子的面积、卧室数量、地理位置等都可能是特征。用户可以将这些特征看作输入，用于预测目标变量。在这个例子中，目标变量就是房价。

通常，每一个特征对应数据集中的一列。对于每一个样本，即数据集中的每一行，都有一组特征值，这些特征值描述了该样本的属性。例如，一个房子可能有特征值为 200 的"面积"特征、特征值为 3 的"卧室数量"特征。

在使用线性回归建立的模型中，每一个特征都对应一个权重。模型会学习通过加权组合每个样本的特征值，从而预测目标变量。权重的大小和符号决定了相应特征对预测结果的影响程度和方向。例如，如果"面积"特征的权重是正数，则面积更大的房子的预测价格会更高；如果"面积"特征的权重是负数，则面积更大的房子的预测价格会更低。

总而言之，特征是用户用来描述数据并基于此做出预测的属性。

线性回归的目标是对于给定的数据，找到一组权重（或系数）和偏置（或截距），使通过这些权重和偏置计算得到的预测值与真实值的差异总和尽可能小，这里的差异通常是指平方差异。这种方法被称为最小二乘法。

具体来说，对单变量线性回归来说，只有一个特征，模型的形式为：

$$y = ax + b \tag{2.1}$$

式中，y 是目标变量；x 是特征；a 是权重；b 是偏置。对于多变量线性回归，会有多个特征，模型的形式为

$$y = a_1x_1 + a_2x_2 + \cdots + a_nx_n + b \qquad (2.2)$$

在训练过程中，线性回归模型会通过如梯度下降的优化算法更新权重和偏置，使预测值与真实值的差异尽可能小。这个过程会迭代进行，直到模型的性能达到令人满意的程度或达到预设的迭代次数为止。

在预测阶段，模型会使用训练过程中学习到的权重和偏置，通过上述的线性计算公式计算预测值。

线性回归的一个主要优点是解释性强，用户可以直观地理解每个特征对预测结果的影响。然而，线性回归的主要限制是假设特征和目标变量之间的关系是线性的，对于非线性关系，该算法可能无法提供好的预测性能。在这种情况下，可能需要使用其他模型，如决策树回归、随机森林或神经网络。

下面通过一段代码，说明线性回归的使用方法：

```
1   import numpy as np
2   from sklearn.model_selection import train_test_split
3   from sklearn.linear_model import LinearRegression
4
5   # 创建一个模拟数据集
6   np.random.seed(0)
7   X = np.random.rand(100,1)  # 有 100 个样本，每个样本有 1 个特征
8   y = 2 + 3 * X.squeeze() + np.random.randn(100)  # 目标变量是特征的线性
组合加上噪声
9
10  # 将数据集分为训练集和测试集
11  X_train,X_test,y_train,y_test  =  train_test_split(X,y,test_size=
0.2,random_state=42)
12
13  # 创建模型对象
14  model = LinearRegression()
15
16  # 使用训练数据拟合模型
17  model.fit(X_train,y_train)
18
19  # 使用模型进行预测
20  predictions = model.predict(X_test)
21
22  # 输出预测结果
```

```
23  print(predictions)
24
```

上述代码的执行结果如图 2-32 所示。

```
D:\DeskFile\书籍\机器学习入门实战\Code\MyPythonCode>python Scikit-Learn线性回归示例.py
[4.27026594 2.5104866  5.1166954  4.20518857 4.19365052 4.238518
 3.58178783 3.15409484 4.56609108 3.84208883 4.52565055 2.99485301
 4.00909327 3.90056792 3.15584075 3.46905103 3.04925149 2.56458823
 3.89940734 4.51395779]
D:\DeskFile\书籍\机器学习入门实战\Code\MyPythonCode>
```

图 2-32

这段代码首先创建一个包含 100 个样本的模拟数据集，每个样本都有一个特征。目标变量 y 是特征的线性组合加上噪声的结果。随后，数据集分割为训练集和测试集，使用训练集拟合模型，并使用模型对测试集进行预测，并输出预测结果。

下面对上述代码进行讲解。

- import numpy as np：导入 Numpy 库，用于处理数值型数据。
- from sklearn.model_selection import train_test_split：导入 train_test_split()函数，用于将数据集划分为训练集和测试集。
- from sklearn.linear_model import LinearRegression：导入 LinearRegression 类，用于进行线性回归模型的训练。
- np.random.seed(0)：设置随机数生成的种子为 0，这样可以保证每次运行代码时，生成的随机数都一样。
- X = np.random.rand(100,1)：生成一个形状为(100,1)的数组，数组的元素是在[0,1]均匀分布的随机数。这里的 100 代表样本数量，1 代表每个样本的特征数量。
- y = 2+3*X.squeeze()+np.random.randn(100)：根据线性关系生成目标变量。X.squeeze()将 X 的形状由(100,1)变为(100，)，np.random.randn(100)生成 100 个符合标准正态分布的随机数，并将这些随机数作为噪声。
- X_train,X_test,y_train,y_test=train_test_split(X,y,test_size=0.2,random_state=42)：使用 train_test_split()将数据集划分为训练集和测试集，测试集的比例为 0.2，随机数生成的种子为 42。
- model = LinearRegression()：创建一个模型的实例。
- model.fit(X_train,y_train)：使用训练集的特征和目标变量训练线性回归模型。在这个过程中，模型会学习最佳的权重和偏置。

- predictions = model.predict(X_test)：使用训练好的模型对测试集的特征进行
  预测，并得到预测结果。

提示

　　Python 环境中默认没有安装 Scikit-Learn，如果要安装 Scikit-Learn，用户可
以使用 pip（Python 的包管理器）进行安装。用户可在命令行中运行以下命令进
行安装：pip install scikit-learn。如果用户使用 Anaconda Python 发行版，则可使
用 conda 命令安装：conda install scikit-learn。

　　此外，Scikit-Learn 还提供了很多用于评估模型性能的函数，如 mean_squared_
error()、accuracy_score()、roc_auc_score() 等。例如，用户可使用 mean_squared_
error() 函数计算模型的均方误差（Mean Squared Error，MSE）：

```
1   from sklearn.metrics import mean_squared_error
2
3   # 计算均方误差
4   mse = mean_squared_error(y_test,predictions)
5   print('均方误差为：',mse)
6
```

　　上述代码的执行结果如图 2-33 所示。

```
D:\DeskFile\书籍\机器学习入门实战\Code\MyPythonCode>python Scikit-Learn计算均方误差示例.py
预测结果：
[4.27026594 2.5104866  5.1166954  4.20518857 4.19365052 4.238518
 3.58178783 3.15409484 4.56609108 3.84208883 4.52565055 2.99485301
 4.00909327 3.90056792 3.15584075 3.46905103 3.04925149 2.56458823
 3.89940734 4.51395779]
均方误差：
均方误差为： 0.9177532469714288

D:\DeskFile\书籍\机器学习入门实战\Code\MyPythonCode>
```

图 2-33

　　在上述代码中，from sklearn.metrics import mean_squared_error 从 metrics 模块
导入 mean_squared_error() 函数。mean_squared_error() 函数用于计算均方误差，是
评估模型性能的常用指标。

　　mse = mean_squared_error(y_test，predictions) 调用 mean_squared_error() 函数，
输入的参数是真实值 y_test 和模型预测值 predictions，函数返回两者之间的均方误
差，返回的结果保存在变量 mse 中。

print('均方误差为：',mse)打印出计算得到的均方误差。

提示

均方误差是真实值和预测值之差的平方平均值，表示预测误差的平方期望，可以衡量预测值和真实值之间的偏离程度。均方误差越小，说明模型的预测性能越好。

2.3.2 TensorFlow

在深入探讨深度学习技术之前，我们先一起熟悉一下用于实现深度学习技术的工具之一——TensorFlow。TensorFlow 是一个由 Google Brain Team 开发的开源软件库，用于执行高性能的数值计算，通过其灵活的架构，用户可以在多种平台上进行计算，包括桌面、服务器、移动设备。TensorFlow 的名字源于其对数据流图进行计算的方式。TensorFlow 在处理大规模、复杂的神经网络计算方面特别出色。

1．基本操作

在 TensorFlow 中，所有数据都通过 tensor 的形式进行表示，可以把这些数据看作是一个 n 维的数组或列表。一个 tensor 包含一个静态类型的排列，并具有一个特定的维度。下面介绍如何创建 tensor。首先，需要导入 TensorFlow：

```
1  import tensorflow as tf
```

然后，创建一些 tensor。例如，创建一个具有特定值和形状的 tensor：

```
1   # 创建一个 0 维 tensor (即一个标量)
2   scalar = tf.constant(7)
3   print(scalar)
4
5   # 创建一个 1 维 tensor (即一个向量)
6   vector = tf.constant([1.0,2.0,3.0,4.0])
7   print(vector)
8
9   # 创建一个 2 维 tensor (即一个矩阵)
10  matrix = tf.constant([[1,2],[3,4]])
11  print(matrix)
12
```

上述代码的执行结果如图 2-34 所示。

```
D:\DeskFile\书籍\机器学习入门实战\Code\MyPythonCode\TensorFlow>python 基本的Tensor操作.py
tf.Tensor(7, shape=(), dtype=int32)
tf.Tensor([1. 2. 3. 4.], shape=(4,), dtype=float32)
tf.Tensor(
[[1 2]
 [3 4]], shape=(2, 2), dtype=int32)

D:\DeskFile\书籍\机器学习入门实战\Code\MyPythonCode\TensorFlow>
```

图 2-34

2. 计算图与自动求导

在 TensorFlow 中，所有的操作都是在计算图上执行的。计算图是一种用于描述数学运算的图，其中的节点代表运算，如加法、减法、乘法、除法，边代表张量（tensor），这些张量是运算的输入和输出。除此之外，TensorFlow 还提供了强大的自动求导功能，这是通过 tf.GradientTape API 实现的，该 API 能记录在上下文中执行的所有操作，并随后计算这些操作的梯度。

以下是一个自动求导的例子：

```
1   # 创建一个可变的 tensor
2   x = tf.Variable(3.0)
3
4   # 使用 tf.GradientTape 记录计算过程
5   with tf.GradientTape() as tape:
6       y = x ** 2
7
8   # 计算 y 对 x 的导数
9   dy_dx = tape.gradient(y,x)
10  print(dy_dx)
11
```

上述代码的执行结果如图 2-35 所示。

```
D:\DeskFile\书籍\机器学习入门实战\Code\MyPythonCode\TensorFlow>python 计算图与自动求导.py
tf.Tensor(6.0, shape=(), dtype=float32)

D:\DeskFile\书籍\机器学习入门实战\Code\MyPythonCode\TensorFlow>
```

图 2-35

在这个例子中，首先创建了一个可变的 tensor x，然后在 tf.GradientTape 的上下文中计算了 y 的值。最后，使用 tape.gradient()方法计算了 y 对 x 的导数。

with tf.GradientTape() as tape 开启了一个自动微分的上下文。在这个上下文中，所有的计算过程都会被"录制"下来，用于计算梯度。

y = x ** 2 这行代码对输入 x 进行平方操作。

dy_dx = tape.gradient(y,x)：计算 y 关于 x 的导数。

3．神经网络层

TensorFlow 提供了许多预定义的神经网络层，这对构建神经网络非常有帮助。下面是创建一个简单的全连接层（也称密集层）的示例：

```
1   # 创建一个全连接层，输出单元为10，激活函数为 relu
2   dense_layer = tf.keras.layers.Dense(10,activation='relu')
3
```

此外，用户可以通过使用 tf.keras.Sequential API 方便地构建一个完整的神经网络模型。以下举一个例子：

```
1   # 创建一个序列模型
2   model = tf.keras.Sequential([
3       tf.keras.layers.Dense(10,activation='relu'), # 隐藏层
4       tf.keras.layers.Dense(1)  # 输出层
5   ])
6
```

上面的代码创建了一个简单的两层神经网络模型，该模型有一个隐藏层，激活函数为 relu，还有一个输出层。

4．优化器

在训练神经网络模型时，需要一个优化器调整模型的参数，使模型的预测结果尽可能接近真实的标签。TensorFlow 提供了许多常用的优化器，如 SGD、Adam、RMSProp。下面是一个创建 Adam 优化器的例子：

```
1   # 创建一个 Adam 优化器，学习率为 0.001
2   optimizer = tf.keras.optimizers.Adam(learning_rate=0.001)
3
```

5．模型的保存与恢复

在训练大规模神经网络模型时，通常需要在训练过程中定期保存模型的状态，防止因为意外（如电脑崩溃）导致训练进度的丢失。同时，保存模型的状态还可以使用户在训练完成后，随时加载模型，并进行预测。

TensorFlow 提供了一套完整的 API，用于保存与恢复模型。下面是一个例子：

```
1    # 训练模型，此处省略
2
3    # 保存模型
4    model.save('my_model.h5')
5
6    # 加载模型
7    new_model = tf.keras.models.load_model('my_model.h5')
8
```

在上面这个例子中，首先训练了一个模型，然后将其保存到一个名为"my_model.h5"的文件中。之后，用户可以使用 tf.keras.models.load_model()函数加载保存的模型。

6. TensorBoard 可视化工具

TensorBoard 是 TensorFlow 提供的一种强大的可视化工具。通过使用 TensorBoard，用户可以方便地查看模型的训练过程，如损失函数的变化、准确率的变化等。此外，TensorBoard 还提供了计算图、参数分布、梯度分布的可视化功能。下面是使用 TensorBoard 的例子：

```
1    # 创建模型和编译模型
2    tensorboard_callback = tf.keras.callbacks.TensorBoard(log_dir='logs')
3
4    # 在 fit()函数中添加回调函数
5    model.fit(x_train,y_train,epochs=5,callbacks=[tensorboard_callback])
6
7    # 在命令行中启动 TensorBoard
8    # tensorboard --logdir=logs
9
```

在上面的例子中，首先创建了一个 TensorBoard 的回调函数，并指定了日志文件的保存路径为 logs。然后，在训练模型时，通过 callbacks 参数传入这个回调函数。最后，通过 tensorboard --logdir=logs 命令启动 TensorBoard，并查看训练过程。

7. tf.data 数据处理工具

当训练数据规模很大且不能一次性全部读入内存时，需要一种高效的方式进行数据的读取和预处理。这时，tf.data 就派上了用场。tf.data 提供了一组完整的

API，使用户可以方便地实现数据的读取、预处理、分批、洗牌等操作。下面是一个简单的例子：

```
1   # 创建一个数据集
2   dataset = tf.data.Dataset.from_tensor_slices((x_train,y_train))
3
4   # 数据预处理
5   dataset = dataset.map(lambda x,y: (x / 255.0,y))
6
7   # 分批和洗牌
8   dataset = dataset.batch(32).shuffle(buffer_size=10000)
9
10  # 使用数据集训练模型
11  model.fit(dataset,epochs=5)
12
```

在这个例子中，首先使用 tf.data.Dataset.from_tensor_slices()函数创建一个数据集。然后使用 map()函数对数据进行预处理，将图像数据除以 255.0，从而进行归一化。接着，使用 batch()和 shuffle()函数对数据进行分批和洗牌。最后使用 fit()函数训练模型。

以上是对 TensorFlow 的基础介绍。然而，TensorFlow 的功能远不止这些。TensorFlow 还支持分布式训练、TPU 训练、量化训练等高级功能。如果想了解更多关于 TensorFlow 的知识，则可查阅官方文档或参考其他教程。

2.3.3 Keras

在过去的几年里，深度学习的发展越来越快。深度学习模型的构建和训练往往涉及大量复杂的工作，这对初学者和研究人员来说都是不小的挑战。为了解决这个问题，创建了 Keras 这个强大又易用的深度学习库。

Keras 是一个以 TensorFlow、CNTK、Theano 等为后端的高级神经网络 API，以用户友好、模块化、易扩展为设计原则进行设计。Keras 可以使用户以更少的代码、更快的速度构建和训练复杂的深度学习模型。下面介绍如何使用 Keras 构建和训练一个深度学习模型。

1．构建模型

在 Keras 中，最常用的模型是 Sequential 模型，该模型是由一层层的网络层顺序堆叠起来形成的模型。以下是使用 Sequential 模型的例子：

```
1  from tensorflow import keras
2
3  model = keras.models.Sequential([
4    keras.layers.Dense(64,activation='relu',input_shape=(32, )),
5    keras.layers.Dense(10,activation='softmax')
6  ])
7
```

上面的例子构建了一个包含两个全连接层的神经网络。第一个全连接层有 64 个神经元，激活函数是 relu()，输入的形状是（32,）。第二个全连接层有 10 个神经元，激活函数是 softmax()，此激活函数主要用于执行多分类任务。

2. 编译模型

构建好模型后，需要通过 compile()方法编译模型，设置损失函数、优化器和评价指标，例如：

```
1  model.compile(optimizer='adam',
2                loss='sparse_categorical_crossentropy',
3                metrics=['accuracy'])
4
```

在上面的例子中，使用 Adam 优化器、交叉熵损失函数，以及准确率评价指标编译模型。

3. 训练模型

编译好模型后，用户可以使用 fit()方法训练模型：

```
1  model.fit(x_train,y_train,epochs=5)
```

在上面的代码中，模型训练了 5 个周期。

提示

x_train 和 y_train 是训练数据。x_train 是特征，通常是一个 Numpy 数组或一个 tensor，y_train 是对应的标签。

epochs=5 指定了训练的轮次，在一个训练周期（epoch）内，每个样本在模型训练过程中将被使用一次。在上述例子中，模型会在训练集上进行 5 轮训练。

fit()方法返回一个 History 对象，history 属性记录了损失函数和评价函数（如准确率）的数值随着每一个 epoch 变化的情况。History 对象可以用于绘制训练过程中的损失曲线和准确率曲线等。此外，在 fit()函数中还可以添加更多参数，如 batch_size（每次梯度更新的样本数量）和 validation_data（在每个 epoch 后验证模型的数据集）等。

4．保存和加载模型

训练一个模型可能需要花费很长的时间，因此通常建议把训练好的模型保存下来，以便后续使用或继续训练该模型。在 Keras 中，先使用 save()方法保存模型：

```
1    model.save('my_model.h5')
```

然后，使用 load_model()方法加载模型：

```
1    from tensorflow.keras.models import load_model
2
3    model = load_model('my_model.h5')
4
```

5．模型的微调

在某些情况下，用户可能希望在一个已经训练好的模型上进行微调。微调是指先冻结已经训练好的模型的一部分层，然后在新的数据上训练剩下的层。在 Keras 中，用户可以这样实现模型的微调：

```
1    # 假设原模型名为 orig_model
2    # 冻结前三层
3    for layer in orig_model.layers[:3]:
4        layer.trainable = False
5
6    # 在新数据上训练
7    model.fit(new_data,new_labels)
8
```

6．模型的可视化

在训练模型的过程中，用户通常希望能看到模型的训练曲线，从而了解模型的训练情况。在 Keras 中，fit()方法返回一个 History 对象，该对象记录了训练过程中的损失值和评价函数。用户可以利用这些信息绘制模型的训练曲线，绘制方法如下：

```
1  history = model.fit(x_train,y_train,epochs=10,validation_split=0.2)
2
3  import matplotlib.pyplot as plt
4
5  plt.plot(history.history['loss'],label='training loss')
6  plt.plot(history.history['val_loss'],label='validation loss')
7  plt.legend()
8  plt.show()
9
```

通过上述代码，用户可以看到模型在训练集和验证集上的损失值随着训练周期的变化情况。

2.3.4　机器学习库案例（预测糖尿病）

下面使用 TensorFlow 预测患者是否患有糖尿病。现有一份医疗数据集，包含患者的年龄、性别、体重、血糖值以及是否患有糖尿病。

首先，导入 TensorFlow，并创建一些模拟的医疗数据：

```
1  import tensorflow as tf
2  import numpy as np
3
4  # 创建1000个模拟的患者数据
5  np.random.seed(42)   # 设置随机数种子，确保每次运行都能得到相同的随机数
6  n_patients = 1000   # 设置模拟患者的数量为1000
7  ages = np.random.randint(20，70，size=n_patients)   # 随机生成患者的年
   龄，范围为20~70
8  genders = np.random.randint(0, 2, size=n_patients)   # 随机生成患者的性
   别，0代表男性，1代表女性
9  weights = np.random.randint(50, 100, size=n_patients)   # 随机生成患者
   的体重，范围为50~100
10 blood_sugar_levels = np.random.randint(70, 200, size=n_patients)   #
   随机生成患者的血糖值，范围为70~200
11
12 # 假设患糖尿病的条件是血糖值超过130
13 labels = (blood_sugar_levels > 130).astype(int)   # 将血糖值大于 130 的
   患者标记为1，代表患病，否则为0，代表健康
14
```

然后，对数据进行归一化处理：

```
1  def normalize(array):
2      # 该函数用于正态化数据，计算每个元素与平均值的差，再除以标准差。
```

```
3      return (array - array.mean()) / array.std()
4
5   # 归一化数据
6   ages_n = normalize(ages)   # 对年龄进行正态化
7   genders_n = normalize(genders)   # 对性别进行正态化，虽然这是二元分类变
量，但在此例中也进行了正态化
8   weights_n = normalize(weights)   # 对体重进行正态化
9   blood_sugar_levels_n = normalize(blood_sugar_levels)   # 对血糖值进行
正态化
10
```

注意

代码中的正态化是指将数据缩放到有零均值和单位标准差的范围内，有时也称作标准化。正态化可以使模型在处理不同尺度或单位的特征时，更容易找到有效的解决方案。然而，对于二元分类变量（如性别），通常不需要也不应该正态化，因为这可能会引入不必要的复杂性。

接下来，使用 TensorFlow 创建一个逻辑回归模型。这个模型有四个输入，即年龄、性别、体重和血糖值，还有一个输出，即是否患有糖尿病。创建逻辑回归模型的代码如下：

```
1   # 创建模型
2   model = tf.keras.Sequential([
3       tf.keras.layers.Dense(1,input_shape=[4],activation='sigmoid')
4   ])
5
6   # 编译模型
7   model.compile(optimizer='adam',loss='binary_crossentropy',metrics=
['accuracy'])
8
9   # 训练模型
10  X=np.column_stack((ages_n,genders_n,weights_n,blood_sugar_  levels_n))
#   将输入数据组合在一起
11  model.fit(X,labels,epochs=10)
12
```

上面的代码首先创建了一个序贯模型，该模型是一种简单的模型类型，是只包含一个堆叠的线性层。接着，向该模型中添加了一个全连接层，该层有一个神经元，即输出维度为 1，并接受四个输入特征：年龄、性别、体重和血糖值，即输入

形状为[4]。然后，使用 sigmoid()激活函数使输出能控制在 0 和 1 之间。

　　在编译模型时，需要指定优化器、损失函数和度量标准。在上面的例子中，优化器为 Adam，损失函数为二元交叉熵，用于解决二元分类问题，并将模型的准确性作为度量标准。

　　最后训练模型。先通过将所有的输入特征组合在一起，构成输入矩阵。然后，调用模型的 fit()方法进行训练，其中输入矩阵是输入数据，labels 是对应的目标，epochs 指定训练周期为 10，即整个训练数据集将被模型学习 10 次。

　　在训练模型后，可使用该模型对新的患者数据进行预测：

```
1   # 假设有一个新的患者，患者的年龄为 40 岁，是男性，体重为 70kg，血糖值为 150
2   new_patient = np.array([[40,1,70,150]])
3
4   # 需要对患者数据进行归一化处理
5   new_patient_n = normalize(new_patient)
6
7   # 使用模型进行预测
8   predicted_diabetes = model.predict(new_patient_n)
9   print("预测的糖尿病概率：",predicted_diabetes)
10
```

　　上述代码的执行结果如图 2-36 所示。

```
D:\DeskFile\书籍\机器学习入门实战\Code\MyPythonCode\机器学习工具和环境>python 机器学习库案例.py
Epoch 1/10
32/32 [==============================] - 1s 1ms/step - loss: 0.6360 - accuracy: 0.6290
Epoch 2/10
32/32 [==============================] - 0s 1ms/step - loss: 0.6197 - accuracy: 0.6440
Epoch 3/10
32/32 [==============================] - 0s 968us/step - loss: 0.6045 - accuracy: 0.6710
Epoch 4/10
32/32 [==============================] - 0s 935us/step - loss: 0.5900 - accuracy: 0.6940
Epoch 5/10
32/32 [==============================] - 0s 965us/step - loss: 0.5760 - accuracy: 0.7110
Epoch 6/10
32/32 [==============================] - 0s 935us/step - loss: 0.5625 - accuracy: 0.7290
Epoch 7/10
32/32 [==============================] - 0s 960us/step - loss: 0.5499 - accuracy: 0.7500
Epoch 8/10
32/32 [==============================] - 0s 935us/step - loss: 0.5377 - accuracy: 0.7640
Epoch 9/10
32/32 [==============================] - 0s 1ms/step - loss: 0.5260 - accuracy: 0.7920
Epoch 10/10
32/32 [==============================] - 0s 963us/step - loss: 0.5148 - accuracy: 0.8090
1/1 [==============================] - 0s 82ms/step
预测的糖尿病概率： [[0.6858401]]

D:\DeskFile\书籍\机器学习入门实战\Code\MyPythonCode\机器学习工具和环境>
```

图 2-36

　　上面是一个简单的使用 TensorFlow 预测糖尿病的案例。在实际应用中，可能需要考虑更多因素，或使用更复杂的模型和更大的数据集，但基本的步骤和方法是相同的。

第 3 章　数据预处理

在开始真正的机器学习之前，一个非常重要但经常被忽视的步骤是数据预处理。数据预处理不仅能使用户的数据更好地适应模型，还可以提高模型的性能和稳定性。本章将介绍数据预处理的四个关键步骤：数据导入、数据清洗、特征工程以及数据分割。

3.1　数据导入

不管分析任何项目，数据导入都是第一步。在数据导入阶段，用户的目标是从外部源获取数据，并将其加载到 Python 环境中。外部源可以是各种各样的，如 CSV 文件、Excel 表格、SQL 数据库、网页爬取的数据，甚至是 API 接口等。由于数据可能来自多种类型的文件和服务，因此理解如何从这些不同的来源导入数据是至关重要的。本节将讨论如何从这些常见来源中导入数据。

在数据科学中，导入数据的方法主要取决于数据的存储格式。例如，用户可能需要从 CSV 文件中导入数据，这就需要使用读取 CSV 文件的函数。不同的数据存储格式可能会有不同的导入方法，用户需要掌握多种数据导入的技巧。

1. 导入 CSV 文件

CSV（逗号分隔值）文件是一种常见的数据存储格式。CSV 文件通常可以由 Excel 或其他表格软件创建，也可以由大多数的数据库系统输出。在 Python 中，用户可以使用 Pandas 库中的 read_csv 函数导入 CSV 文件：

```
1    import pandas as pd
2
3    # 导入 CSV 文件
4    data = pd.read_csv('file.csv')
5
```

read_csv 函数会读取 CSV 文件，并将该文件转化为一个 DataFrame 对象，用户可以像操作 Excel 一样方便地操作这个对象。

2．导入 Excel 文件

尽管 CSV 文件是最常见的数据存储格式，但有时用户也需要从 Excel 文件导入数据。Pandas 提供了 read_excel 函数，可以方便地读取 Excel 文件：

```
1    # 导入 Excel 文件
2    data = pd.read_excel('file.xlsx')
3
```

与 read_csv 函数类似，read_excel 函数会将 Excel 文件读取为一个 DataFrame 对象。

3．从数据库中导入数据

对于在数据库中存储的数据，用户通常需要使用 SQL 提取数据。在 Python 中，用户可以使用 SQLAlchemy 和 Pandas，从数据库中导入数据。例如，假设有一个 SQLite 数据库，用户可以使用以下代码从数据库中提取数据：

```
1    from sqlalchemy import create_engine
2
3    # 创建数据库引擎
4    engine = create_engine('sqlite:///database.db')
5
6    # 执行 SQL 查询并导入数据
7    data = pd.read_sql_query('SELECT * FROM table_name',engine)
8
```

在上面的代码中，create_engine 函数用于创建一个数据库引擎，用户可以通过 read_sql_query 函数执行 SQL 查询，并将结果导出为一个 DataFrame 对象。

3.2　数据清洗

数据清洗是数据预处理的关键步骤之一，有时候也被称为数据清洗或数据规整。数据清洗涉及许多内容，包括处理缺失值、异常值，删除重复项，转换数据类型等。数据清洗的目标是确保用户的数据集是准确的、完整的、一致的、具有可用性的。

数据清洗的重要性不能被忽视。"脏数据"可能会导致错误的分析结果，因此用户必须在开始分析数据之前，先对数据进行清洗。在实际的数据分析项目中，数据清洗通常会占用用户大部分的时间和精力。

1. 处理缺失值

在任何实际的数据集中，缺失值几乎是无法避免的。处理缺失值的方法有很多，包括删除含有缺失值的行或列、使用统计方法（如均值、中位数等）填充缺失值，或使用机器学习方法预测缺失值。Pandas 提供了多种处理缺失值的方法：

```
1   # 删除含有缺失值的行
2   data = data.dropna()
3
4   # 使用均值填充缺失值
5   data = data.fillna(data.mean())
6
```

在处理缺失值时，用户需要根据具体情况选择合适的方法。有时候，删除含有缺失值的行或列可能会导致信息的丢失，使用统计方法或机器学习方法填充缺失值，也可能会引入噪声。

2. 处理异常值

异常值是指那些偏离正常值的数值，这些数值可能是由数据输入错误、测量错误等原因造成的。异常值的存在会对数据分析的结果产生影响，因此用户需要对异常值进行处理。处理异常值的方法有很多，包括删除异常值、使用统计方法（如均值、中位数等）替换异常值，或将异常值视为缺失值进行处理。Pandas 提供了多种处理异常值的方法：

```
1   # 用年龄的中位数替换不在合理范围内的异常值
2   median = df['age'].median()
3   df['age'] = np.where((df['age'] > 100) | (df['age'] < 0),median,
    df['age'])
4
```

3. 删除重复项

在实际的数据集中，重复的数据项是常见的。这些重复的数据项可能是由数据输入错误，或数据收集过程中的错误造成的。重复的数据项会导致数据的偏差，因此用户需要将重复项删除：

```
1   # 删除重复项
```

```
2  data = data.drop_duplicates()
3
```

4．转换数据类型

在数据清洗过程中，用户通常也需要将数据从一种类型转换为另一种类型。例如，用户可能需要将字符串类型的日期转换为日期类型，或将分类变量转换为数值变量。Pandas 提供了多种数据类型的转换方法：

```
1  # 将字符串类型的日期转换为日期类型
2  data['date'] = pd.to_datetime(data['date'])
3
4  # 将分类变量转换为数值变量
5  data['category'] = data['category'].astype('category').cat.codes
6
```

本节简单地介绍了数据清洗的基本概念和方法。实际上，数据清洗是一个复杂的过程，需要根据具体的数据和问题，确定具体的清洗方法。

3.3　特征工程

特征工程是机器学习工作流程中的关键步骤，是指使用专业知识和技术，将原始数据转化为能更好地代表潜在问题的特征，从而提升机器学习模型的性能。一个良好的特征工程可以显著提高模型的预测能力，降低模型的复杂性，并增强模型的可解释性。特征工程主要包括特征选择、特征转换、特征缩放三个方面。下面将详细介绍特征工程的具体实现方法，并通过实例展示如何在 Python 中进行特征工程操作。

3.3.1　特征选择

特征选择是特征工程的重要环节之一，其目的在于从原始特征集合中选取对目标变量预测最有价值的特征。一个好的特征选择策略不仅能显著提升模型的性能，还能在一定程度上降低模型的复杂度，从而减少模型过拟合的风险。特征选择的基本策略可以概括为三种：过滤方法（Filter Methods）、包装方法（Wrapper Methods）和嵌入方法（Embedded Methods）。

1．过滤方法

过滤方法是一种最基础的特征选择方法，其主要思想是通过一些统计测试方法，评估每个特征与目标变量之间的关系，选出得分最高或最低的特征。过滤方法的优点是简单、计算效率高，缺点是没有考虑特征之间的交互作用。常见的过滤方法包括以下几种。

（1）相关系数法：通过测量每个特征与目标变量之间的相关性，选择最相关的特征。相关系数法通常使用相关系数的统计指标，量化特征和目标之间的关系。以下是一些常见的相关系数。

- Pearson 相关系数：最常用的相关系数之一，衡量两个变量之间的线性关系，值介于-1～1，1 表示完全正相关，-1 表示完全负相关，0 表示没有线性关系。
- Spearman 相关系数：测量两个变量之间的等级相关性，即两个变量之间的关系是否随着一个变量的增加而单调增加或减少，是介于-1～1 的值。
- Kendall 相关系数：一种衡量变量之间等级相关性的方法，基于数据的顺序关系，而不是数据的实际值。Kendall 相关系数在处理有大量重复值的数据时特别有用。

通过上述相关系数，可以找出与目标变量最相关的特征，并使用这些特征进行机器学习模型的训练，这样可以提高模型的性能，减少计算时间，防止过拟合。

（2）互信息法：利用互信息衡量每个特征与目标变量之间的互信息量，并以此选择特征。

（3）方差阈值法：删除低方差的特征。一般认为，方差小的特征包含的信息量也少。

2. 包装方法

包装方法是一种将模型性能作为特征选择依据的方法。包装方法会训练一系列模型，并根据模型的性能指标选择特征，如准确率、AUC 等。最常使用的包装方法为递归特征消除法（Recursive Feature Elimination，RFE）。RFE 方法首先使用所有的特征训练一个模型，然后移除表现最差的特征，再用剩下的特征训练新的模型，如此递归，直到达到预设的特征数量。

3. 嵌入方法

在模型训练过程中，嵌入方法会自动进行特征选择。嵌入方法通常基于一些优化算法，这些优化算法的部分优化过程自然地包含了特征选择，例如，Lasso 回归通过在优化函数中加入 L1 正则项，使一部分特征的系数变为 0，从而实现特征选择。

提示

在 Lasso 回归中，L1 正则化是一种使回归系数变稀疏的策略。这种稀疏性使一些系数变为 0，从而实现特征的选择。具体来说，L1 正则化在损失函数中添加了一个与特征权重绝对值相等的惩罚项，这使许多权重的参数变为 0，从而产生了稀疏解。

3.3.2 特征转换

特征转换是特征工程中的一个重要步骤，主要通过一些数学方法，将原始特征进行转换，从而得到具有一定意义的新特征。以下将介绍一些常用的特征转换方法。

1. 对数转换

对数转换是最常见的特征转换方法之一。对于某些分布（如长尾分布）的特征，使用对数转换后，可以使数据接近正态分布，有利于后续的模型拟合。下面是对数转换的代码：

```
1  import numpy as np
2  data['log_feature'] = np.log(1 + data['feature'])
3
```

在上述代码中，通过使用对数转换，处理 feature 列中可能存在的偏态分布，并将转换后的数据存储在新的 log_feature 列中。

2. 幂次转换

幂次转换是一种有效的、处理偏态分布数据的方法。通过对原始数据进行幂次运算，可以将偏态分布转换为正态分布或接近正态分布。下面是幂次转换的代码：

```
1  data['power_feature'] = data['feature'] ** 0.2
2
```

3. 分位数转换

分位数转换的目的是将一组数值型特征转换为服从均匀分布或正态分布的特征。这种转换方法对处理有明显边界、有偏态分布的特征十分有效。下面是分位数转换的代码：

```
1   from sklearn.preprocessing import QuantileTransformer
2   qt = QuantileTransformer(n_quantiles=10,random_state=42)
3   data['quantile_feature'] = qt.fit_transform(data[['feature']])
4
```

在上述的代码中，QuantileTransformer(n_quantiles=10,random_state=42)创建了一个 QuantileTransformer 对象，n_quantiles=10 定义了在进行量化转换时，要使用的分位数的数量，random_state=42 设置了随机种子，以确保结果的可重复性。

data['quantile_feature'] = qt.fit_transform(data[['feature']])首先使用 fit_transform 函数，在 feature 列上学习转换，计算该特征的分位数；然后应用分位数转换，所得到的结果是一个新的特征，其值在 0～1 均匀分布；最后将这个结果存储在 quantile_feature 列中。

4．独热编码

独热编码（One-Hot Encoding）主要用于处理类别型（Categorical）数据。通过独热编码，可以将一个类别型特征扩展为多个二元特征，每一个二元特征代表一种类别。当某个样本的类别为该类别时，该特征值为 1，否则为 0。下面是独热编码的代码：

```
1   data = pd.get_dummies(data,columns=['category_feature'])
2
```

5．均值编码

均值编码（Mean Encoding）也称作目标编码（Target Encoding），这种方法主要是针对高基数离散特征进行的编码方式。对于某一个特征，均值编码计算每一个类别的目标变量均值，并用此均值代表这个类别。下面是均值编码的代码：

```
1   mean_encoding = data.groupby('category_feature')['target'].mean()
2   data['mean_encoding_feature'] = data['category_feature'].map(mean_
encoding)
3
```

上述代码通过均值编码，将分类特征 category_feature 转换为新的数值特征 mean_encoding_feature。

以上是一些常用的特征转换方法。需要注意，特征转换不一定总是有效的，转换的效果取决于数据的具体情况及使用的模型。因此，用户在进行特征转换时，需要根据具体情况，通过实验选择最适合的转换方法。

3.3.3　特征缩放

特征缩放是一种将所有特征值规范化到同一尺度范围内的技术。在很多机器学习算法中，特征的尺度和分布对模型的性能有很大影响。例如，对于距离度量的算法（如 k-近邻、支持向量机等算法），如果特征的尺度不一致，则可能导致模型过于关注尺度较大的特征，从而忽视尺度较小的特征。此外，在神经网络中，如果特征的尺度差异过大，则可能会导致梯度消失或爆炸，影响模型的训练。因此，进行特征缩放是必不可少的步骤。下面介绍常见的特征缩放方法。

1. 最小最大缩放

最小最大缩放（Min-Max Scaling）是一种简单、常见的特征缩放方法，该方法将原始数据线性转换、映射到[0,1]范围内。最小最大缩放的使用方法如下：

```
1  from sklearn.preprocessing import MinMaxScaler
2  scaler = MinMaxScaler()
3  data['scaled_feature'] = scaler.fit_transform(data[['feature']])
4
```

上述代码对 feature 列进行最小最大缩放，并将结果保存在 scaled_feature 列中。

2. 标准化

标准化（Standardization）是另一种常见的特征缩放方法，该方法将数据转换为均值为 0、标准差为 1 的分布。标准化的使用方法如下：

```
1  from sklearn.preprocessing import StandardScaler
2  scaler = StandardScaler()
3  data['standardized_feature'] = scaler.fit_transform(data[['feature']])
4
```

上述代码对 feature 列进行标准化缩放，并将结果保存在 standardized_feature 列中。

3. 鲁棒缩放

相对于最小最大缩放和标准化，鲁棒缩放（Robust Scaling）是一种更为鲁棒的方法，该方法对异常值不敏感。鲁棒缩放基于中位数和四分位数，将数据缩放到中位数为 0、IQR 为 1 的范围内。鲁棒缩放的使用方法如下：

```
1  from sklearn.preprocessing import RobustScaler
2  scaler = RobustScaler()
3  data['robust_scaled_feature']=scaler.fit_transform(data[['feature']])
4
```

上述代码对 feature 列进行鲁棒缩放，并将结果保存在 robust_scaled_feature 列中。

以上就是常用的特征缩放方法。请注意，在应用这些缩放方法时，需要确保在训练集上进行拟合，并将转换应用于训练集和测试集，以防止信息泄露。

3.4 数据分割

3.4.1 训练集

在机器学习模型的建立过程中，通常会将整个数据集分为三个部分：训练集、测试集和验证集。本节主要介绍训练集。

顾名思义，训练集是用来训练模型的数据集。模型会通过学习训练集中的样本得到最佳参数。在训练阶段，模型试图通过学习训练集中的输入和输出的对应关系，最小化预测误差，这个过程叫作模型的拟合（fitting）。

下面看一个简单的示例。假设有一个关于房价的数据集，用户的目标是基于这个数据集训练一个模型，能根据房屋的特性（如面积、房间数、位置等）预测房价。代码如下：

```
1  from sklearn.model_selection import train_test_split
2  from sklearn.linear_model import LinearRegression
3
4  # 加载数据
5  data = pd.read_csv('house_prices.csv')
6
7  # 选择特征和目标变量
8  features = data[['area','rooms','location']]
9  target = data['price']
10
11 # 数据分割
12 X_train,X_test,y_train,y_test = train_test_split(features,target,
test_size=0.2,random_state=42)
```

```
13
14  # 建立模型
15  model = LinearRegression()
16
17  # 训练模型
18  model.fit(X_train,y_train)
19
```

在上面的代码中，首先使用 train_test_split 函数，将数据集分为训练集和测试集，其中训练集占 80%，测试集占 20%。然后，使用训练集的数据（X_train 和 y_train）训练线性回归模型。

需要注意的是，在训练过程中，模型仅接触到了训练集的数据，这是为了模拟模型在现实世界中的应用场景。在预测未知数据时，模型必须依赖其已经学习到的知识，而不能依赖未来的信息。因此，模型必须严格在训练集上进行训练，不能使用验证集或测试集的任何信息。

3.4.2　测试集

当模型在训练集上训练完成之后，需要评估模型的性能。此时就需要用到测试集了。测试集是用户在划分数据集时留出的一部分数据，用于评估模型的最终性能。

为了公正地评估模型的性能，用户需要保证测试集和训练过程是完全隔离的。也就是说，模型在训练过程中不能接触到测试集的任何信息。只有这样，用户才能确保测试结果能真实反映模型在未知数据上的表现。

现在继续介绍房价预测案例。用户在训练模型之后，可以用测试集评估模型的性能：

```
1  # 预测测试集
2  y_pred = model.predict(X_test)
3
4  # 评估模型
5  from sklearn.metrics import mean_squared_error
6  mse = mean_squared_error(y_test,y_pred)
7  print('测试集上的均方误差：',mse)
8
```

上述代码首先用模型在测试集上进行预测，得到预测结果 y_pred，然后用均方误差作为评价指标，评估模型的性能。均方误差是一种常用的回归任务的评价指标，用于计算预测值与真实值的平方差均值。

测试集在模型建立的过程中扮演着至关重要的角色。一个模型是否能在实际应用中成功，很大程度上取决于该模型在测试集上的表现。

3.4.3 验证集

在构建和优化机器学习模型时，用户需要一个方式，可以评估模型的性能，并对模型进行调优，这就需要验证集。验证集主要用于在训练过程中评估模型的性能，并进行模型的超参数调优。

验证集是从训练集中分割出来的一部分数据，用于在模型训练的过程中进行性能验证和参数调优。使用验证集是为了在训练过程中得到一个评估模型性能的独立结果。

验证集在深度学习中尤其重要。在深度学习中，用户可能需要调整很多超参数，如学习率、批大小、优化器类型、层数、每层的神经元数量等。验证集提供了一个在训练过程中评估模型性能的方法，使用户可以基于模型在验证集上的性能，调整这些超参数，进而找到能提供最佳泛化性能的模型和超参数。

验证集是在模型的训练过程中，用于评估模型性能、防止过拟合与欠拟合、进行模型调优的重要工具。理解和合理利用验证集是有效构建和优化模型的关键步骤之一。

3.5 案例分析：银行客户数据

下面介绍一个应用数据预处理的案例。某银行想要预测客户是否会购买定期存款。模拟的银行客户数据如表 3-1 所示。下面使用此数据演示如何进行数据预处理。

表 3-1 银行客户数据

客户 ID	年　龄	工　作	婚姻状况	教育程度	是否有房贷	是否有个人贷款	平均账户余额/元	是否购买定期存款
1	58	管理员	已婚	大学	是	否	2143	否
2	44	技术员	单身	大学	否	是	29	否
3	33	创业者	已婚	大学	是	是	2	否
4	47	蓝领	已婚	未知	否	否	1506	否
5	33	未知	单身	高中	否	否	1	否

1. 模拟生成数据

下面是一段 Python 代码，该代码创建符合描述要求的银行客户数据（详见表 3-1），并将此数据写入 bank_data.csv 文件中：

```
1  import pandas as pd
2  import numpy as np
3
4  # 设置随机数生成器的种子，以获得可重现的结果
5  np.random.seed(42)
6
7  # 定义样本数量
8  n_samples = 10000
9
10 # 随机生成数值型特征
11 客户ID = np.arange(n_samples)  # 客户ID: 0~999
12 年龄 = np.random.randint(20,70,size=n_samples)  # 年龄: 20~70
13 平均账户余额 = np.random.randint(10000,50000,size=n_samples)  # 平均
账户余额: 10000~50000
14
15 # 随机生成分类型特征
16 工作 = np.random.choice(['公务员', '企业家', '医生', '教师', '未知'],
size=n_samples)  # 随机选择工作类型
17 婚姻状况 = np.random.choice(['已婚', '未婚', '离异', '未知'],
size=n_samples)  # 随机选择婚姻状况
18 教育程度 = np.random.choice(['初中', '高中', '本科', '硕士', '博士',
'未知'],size=n_samples)  # 随机选择教育程度
19 是否有房贷 = np.random.choice(['是', '否', '未知'],size=n_samples)
# 随机确定是否有房贷
20 是否有个人贷款 = np.random.choice(['是', '否', '未知'],size=n_samples)
# 随机确定是否有个人贷款
21 是否购买定期存款 = np.random.choice(['是', '否'],size=n_samples)  # 随
机确定是否购买定期存款
22
23 # 创建数据帧
24 data = pd.DataFrame({
25     '客户ID': 客户ID,
26     '年龄': 年龄,
27     '工作': 工作,
28     '婚姻状况': 婚姻状况,
```

```
29    '教育程度': 教育程度,
30    '是否有房贷': 是否有房贷,
31    '是否有个人贷款': 是否有个人贷款,
32    '平均账户余额': 平均账户余额,
33    '是否购买定期存款': 是否购买定期存款,
34  })
35
36  # 将数据写入 CSV 文件
37  data.to_csv('bank_data.csv',index=False)
38
```

上面这段代码首先定义了样本数量，然后使用 Numpy 的随机生成器函数，生成一些数值型特征和分类型特征。这些特征被合并成一个 Pandas 数据帧，并最终写入 CSV 文件中。

2. 数据预处理

下面是使用 Pandas 库进行数据预处理的代码：

```
1   import pandas as pd
2   from sklearn.model_selection import train_test_split
3   from sklearn.preprocessing import LabelEncoder,StandardScaler
4
5   # 加载 CSV 文件数据
6   data = pd.read_csv('bank_data.csv')
7
8   # 删除"客户 ID"列
9   data = data.drop(columns='客户 ID')
10
11  # 将"未知"视为缺失值，并删除包含这些值的行
12  data = data.replace('未知', pd.NA)
13  data = data.dropna()
14
15  # 创建一个标签编码器对象
16  label_encoder = LabelEncoder()
17
18  # 列出需要进行标签编码的特征
19  categorical_columns = ['工作', '婚姻状况', '教育程度', '是否有房贷',
    '是否有个人贷款', '是否购买定期存款']
20
21  # 对每个分类特征进行编码
```

```
22  for column in categorical_columns:
23      data[column] = label_encoder.fit_transform(data[column])
24
25  # 创建一个 StandardScaler 对象
26  scaler = StandardScaler()
27
28  # 列出需要进行标准化的特征
29  numerical_columns = ['年龄', '平均账户余额']
30
31  # 对每个数值特征进行标准化
32  for column in numerical_columns:
33      data[column] = scaler.fit_transform(data[column].values.reshape(-
1,1))
34
35  # 将数据划分为训练集和测试集
36  train_data,test_data = train_test_split(data,test_size=0.2,random_
state=42)
37
38  # 将训练集进一步划分为训练集和验证集
39  train_data,val_data = train_test_split(train_data,test_size=0.25,
random_state=42)
40
41  # 打印训练集、验证集和测试集的样本数
42  print('训练集样本数: ',len(train_data))
43  print('验证集样本数: ',len(val_data))
44  print('测试集样本数: ',len(test_data))
45
```

上述代码主要进行数据预处理和划分数据集，包括读取数据、删除缺失值、对分类特征进行编码、对数值特征进行标准化，以及划分训练集、验证集和测试集。

上述代码的执行结果如图 3-1 所示。

```
D:\DeskFile\书籍\机器学习入门实战\Code\MyPythonCode\数据预处理>python 数据预处理案例.py
训练集样本数:  1311
验证集样本数:  437
测试集样本数:  438

D:\DeskFile\书籍\机器学习入门实战\Code\MyPythonCode\数据预处理>
```

图 3-1

第4章 机器学习模型的构建与评估

前面的章节介绍了如何对数据进行预处理，本章将讲解如何构建与评估模型。

本章首先介绍监督学习和无监督学习的实战，包括一些常见的监督学习和无监督学习算法，以及如何在 Python 中实现这些算法；然后，深入介绍深度学习实战，探索如何使用深度学习框架构建复杂的神经网络模型；最后，讨论机器学习模型的评估与选择。读者将学习如何使用不同的评价指标评估模型的性能，以及如何选择最适合的模型。

4.1 监督学习实战

4.1.1 线性回归

线性回归是一种简单、常用的预测模型，用于预测一个连续变量（目标变量）与一个或多个特征（自变量）之间的关系。在这种模型中，假设目标变量与特征之间存在线性关系，即可以通过特征的加权求和预测目标变量，这就是"线性"的由来。

在简单线性回归中，模型只包含一个特征和一个目标变量，公式为

$$Y = aX + b \tag{4.1}$$

式中，Y 为目标变量；X 为特征；a 为模型的斜率；b 为模型的截距。在多元线性回归中，模型包含两个或两个以上的特征，公式为

$$Y = a_1 x_1 + a_2 x_2 + \cdots + a_n x_n + b \tag{4.2}$$

式中，Y 为目标变量；$x_1, x_2, \cdots, x_n$ 为特征；$a_1, a_2, \cdots, a_n$ 为各个特征的权重；b 为模型的截距。

线性回归模型的训练是通过优化算法（如梯度下降算法）找到最佳的权重和截距，使模型的预测值与实际值之间的误差最小，这种误差通常用均方误差衡

量，公式为

$$\text{MSE} = \frac{1}{n}\Sigma(Y_i - \hat{Y_i})^2 \qquad (4.3)$$

式中，Y_i 为实际值，$\hat{Y_i}$ 为预测值，n 为样本数量，Σ 表示对所有样本进行求和。

线性回归模型有许多优点，如模型简单、易于理解和解释，但也有一些局限性，如对异常值敏感，只能处理线性关系等。然而，通过特征工程（如特征转换、特征交互等），用户可以使用线性回归模型处理更复杂的情况。

假设有 m 个样本，每个样本有 n 个特征，用户的模型可以写成

$$y = X\beta + \varepsilon \qquad (4.4)$$

式中，y 是 m 维目标变量向量，X 是 $m \times n$ 维的特征矩阵，β 是 n 维参数向量，ε 是 m 维误差向量。用户的目标是找到最优的 β，使 ε 的二范数最小，即最小化残差平方和。

提示

最小化残差平方和是一种在回归分析中常用的目标函数或损失函数，基本思想是找到一组参数，使预测值和实际值之间的差异（残差）平方和最小。

在回归分析中，一个常见的假设是误差向量 ε 服从均值为 0 的正态分布。这样，就可以通过最小化残差平方和找到最优的参数向量 β。

在 $y = X\beta + \varepsilon$ 模型中，用户的目标是找到最优的 β，使 ε 的二范数最小。这就是要找到 β，使下式最小：

$$\|y - X\beta\|^2 \qquad (4.5)$$

上面这个式子的结果为残差平方和。这个式子的结果越小，说明用户的预测越接近实际值，也就是说，用户的模型性能越好。

实际上，最小化残差平方和是在求解以下优化问题：

$$\min\left(\beta\|y - X\beta\|^2\right) \qquad (4.6)$$

可以通过最小二乘法直接求得最优的 β。

在 Python 中，用户可以使用 Scikit-Learn 库的 LinearRegression 类实现线性回归模型。以下是一个简单的例子：

```
1  from sklearn.linear_model import LinearRegression
2
3  # 初始化线性回归模型
```

```
4   lr = LinearRegression()
5
6   # 训练模型
7   lr.fit(X_train,y_train)
8
9   # 预测
10  y_pred = lr.predict(X_test)
11
12  # 打印参数
13  print('Coefficients:',lr.coef_)
14  print('Intercept:',lr.intercept_)
15
```

其中，X_train 和 y_train 是训练数据的特征和目标变量，X_test 是测试数据的特征。lr.coef_ 和 lr.intercept_ 分别是模型的系数和截距。

至此，介绍了线性回归的基本知识和如何在 Python 中实现它。在实际问题中，用户可能需要处理更复杂的情况，如特征之间存在多重共线性，或数据不满足线性假设。在这些情况下，用户可能需要使用其他类型的回归模型，如岭回归、Lasso 回归等，或使用非线性模型。

4.1.2 逻辑回归

逻辑回归是一种常用的分类算法，尽管名为"回归"，但它其实是用于解决二分类问题的，即目标变量只有两种可能的类别。逻辑回归可以推广到多分类问题，即多项逻辑回归。

逻辑回归的基本思想是，通过线性函数将特征组合起来，并通过逻辑函数（sigmoid 函数），将线性函数的输出映射到[0，1]区间，得到每个类别的预测概率。根据预测概率的大小，将样本分到相应的类别。

线性函数的形式为

$$z = a_1 x_1 + a_2 x_2 + \cdots + a_n x_n + b \tag{4.7}$$

式中，$x_1, x_2, \cdots, x_n$ 为特征；$a_1, a_2, \cdots, a_n$ 为各个特征的权重；b 为模型的截距。

逻辑函数的形式为

$$p = \frac{1}{1 + e^{-z}} \tag{4.8}$$

式中，e 为自然对数的底；z 为线性函数的输出。

逻辑回归模型的训练是通过优化算法（如梯度下降算法）找到最佳的权重和

截距，使模型的预测概率与实际类别之间的对数损失（log-loss）最小。对数损失
的公式为

$$\frac{-1}{n}\Sigma[Y_i \log \hat{Y}_i + (1 - Y_i)\log(1 - \hat{Y}_i)] \tag{4.9}$$

式中，Y_i 为实际类别，$\hat{Y}_i$ 为预测概率，n 为样本数量，Σ 表示对所有样本进行求和。

逻辑回归模型的优点包括模型简单、输出具有概率意义等，缺点包括只能处理线性可分的问题、对异常值敏感等。通过特征工程和正则化等手段，用户可以使用逻辑回归模型处理更复杂的情况。

假设有一个二元分类问题，模型可以为：

```
1  p = 1 / (1 + e^(-z))
2
```

上面这段代码表示逻辑函数，该函数在逻辑回归和深度学习等领域中经常使用。逻辑函数的作用是将输入的连续实值"压缩"到 0~1。如果输入值为正无穷，则输出会趋近于 1；如果输入值为负无穷，则输出会趋近于 0。逻辑函数通常被用来将线性回归的输出转化为概率。

用户可以使用 Scikit-Learn 库的 LogisticRegression 类实现逻辑回归模型。以下是一个简单的例子：

```
1  from sklearn.linear_model import LogisticRegression
2
3  # 初始化逻辑回归模型
4  lr = LogisticRegression()
5
6  # 训练模型
7  lr.fit(X_train,y_train)
8
9  # 预测
10 y_pred = lr.predict(X_test)
11
12 # 预测概率
13 y_pred_prob = lr.predict_proba(X_test)
14
```

- lr = LogisticRegression()：初始化 LogisticRegression 模型，并将该模型实例化为 lr。

- lr.fit(X_train,y_train)：用训练数据集(X_train,y_train)训练模型。模型会学习如何将输入数据 X（特征）映射到输出数据 y（目标变量）。X_train 是输入的特征数据，y_train 是对应的目标变量。
- y_pred=lr.predict(X_test)：用训练好的模型对测试集 X_test 进行预测，生成预测结果 y_pred。
- y_pred_prob=lr.predict_proba(X_test)：生成测试样本为某种类别的概率。y_pred_prob 是一个二维数组，每一行对应一个输入样本，每一列对应一个类别。每个元素是模型预测输入样本属于此类别的概率。

在分类问题中，用户通常不仅关心模型的预测结果，即输入样本为哪一个类别，还关心模型对预测的确定程度。因此，模型的 predict_proba 方法可以提供更多信息，帮助用户理解模型的预测结果。

在使用逻辑回归模型时，用户需要注意几个问题。首先，由于逻辑回归假设特征和标签的关系是线性的，如果实际关系是非线性的，则逻辑回归可能无法很好地拟合数据。其次，逻辑回归可能受到多重共线性的影响，如果特征之间存在高度相关性，则可能会影响模型的稳定性和解释性。最后，逻辑回归需要足够的数据保证模型的稳定性和准确性，如果数据量过小或类别不平衡，则可能会导致模型性能不佳。

在实际问题中，用户可能需要处理更复杂的情况，这时用户可能需要利用更复杂的模型，或使用一些预处理和特征工程的技术，以提高模型的性能。

4.1.3 决策树

决策树是一种十分直观并且广泛使用的机器学习模型，主要思想是通过一系列规则对数据进行划分，从而达到对目标变量进行预测的目的。决策树模型易于理解和解释，同时也适用于处理包含类别变量的数据。

提示

通常，类别变量（Categorical Variable）是一种用来表示类别或标签的变量，其取值为一组固定的、可能的值，这组值通常是非数值的。类别变量的每一个取值被称为一个级别（Level）。例如，性别就是一个典型的类别变量，包含男和女两个级别。

类别变量在统计和机器学习领域非常重要，因为类别变量能表示许多实际问题中的特性。例如，我们可能会通过类别变量表示人的职业（如医生、律师、工程师）或商品的颜色（如红色、蓝色、绿色）。

决策树的结构就像一棵倒立的树，从根节点开始，根据特征的不同取值会分裂为不同的分支，每一次分裂都是为了使各分支下的数据更加纯净（标签一致）。这种分裂的过程一直持续到满足某个停止条件为止，如树的深度达到预设值，或某个节点的数据量小于阈值。在预测阶段，新的观测值会根据其特征值被分到某个叶节点，该叶节点的平均目标值或最常见的类别可作为预测值。

在 Python 中，用户可以使用 Scikit-Learn 库的 DecisionTreeRegressor 和 DecisionTreeClassifier 类实现决策树模型。下面是一个简单的示例：

```
1   from sklearn.tree import DecisionTreeClassifier
2
3   # 初始化决策树模型
4   dt = DecisionTreeClassifier()
5
6   # 训练模型
7   dt.fit(X_train,y_train)
8
9   # 预测
10  y_pred = dt.predict(X_test)
11
```

dt = DecisionTreeClassifier()这行代码是初始化决策树分类器的实例，并将该实例赋值给变量 dt。

dt.fit(X_train,y_train)这行代码使用训练数据集 X_train 和对应的标签 y_train 训练（fit）决策树模型。在这个过程中，决策树模型将学习如何从特征预测标签。

y_pred = dt.predict(X_test)这行代码使用训练好的决策树模型，对测试数据集 X_test 进行预测，并将返回的预测结果保存在变量 y_pred 中。

决策树分类器基于输入的特征划分数据，每次划分都根据某个特征的值，将数据分为两部分，以此形成一个树状结构。最终，每个叶节点（树的末端节点）都对应一个预测类别。

决策树模型的主要优点是简单直观，不需要复杂的预处理和调参；缺点是容易过拟合，对不同的数据划分也非常敏感。为了解决这些问题，我们通常会使用到一些决策树的改进版本，如随机森林、梯度提升树等。

以上就是决策树的基本介绍。在实际使用时，用户可能需要根据问题的特性调整模型的参数，如树的深度、最小分裂样本数等，以得到最好的预测效果。

提示

过拟合是机器学习中的一个重要概念。当用户训练一个模型时，其目的不仅要在训练数据上达到较高的精确度，而且希望该模型能很好地泛化到未见过的新数据上。过拟合是指模型在训练数据上表现得过于完美，以至于捕获了训练数据中的一些噪声或特殊情况，而这些情况在新的数据中可能并不存在。

举一个简单的例子，假设用户要预测一家餐厅的营业额，目前有过去一年中每天的餐厅营业数据，包括日期、天气、餐厅促销活动等信息。如果用户的模型过于复杂，则该模型可能会因为某天恰好是餐厅老板的生日而营业额特别高，就认为每次老板过生日时的营业额都会特别高。这显然是不合理的，因为餐厅老板生日那天的高营业额可能只是偶然情况，或是由其他因素造成的，如那天恰好有大型活动。这种模型在训练数据上的表现可能会非常好，但在新的数据上就可能表现得很差，原因在于该模型过度依赖训练数据中的一些特殊情况。

4.1.4 随机森林

随机森林（Random Forest）是一个集成学习模型，由许多决策树组成。每个决策树都是独立训练并预测结果的，通过投票的方式确定最终预测结果。随机森林的主要思想是通过集成学习的方法，将多个弱学习器（决策树）组合起来形成一个强学习器。

随机森林的创建过程涉及两个随机性元素。首先，随机森林通过自助采样（Bootstrap Sampling）方式，从原始数据集中生成多个新的训练数据集，再用这些新的数据集训练每一棵决策树。其次，在构建决策树时，随机森林会在每个节点随机选择一部分特征进行划分，而不是使用所有的特征。这样可以确保生成的决策树的多样性，从而提高模型的泛化能力。

下面是使用 Scikit-Learn 库创建随机森林的一个例子：

```
1   from sklearn.ensemble import RandomForestClassifier
2
3   # 创建随机森林分类器
4   clf = RandomForestClassifier(n_estimators=100)
```

```
5
6  # 使用训练数据拟合模型
7  clf.fit(X_train,y_train)
8
9  # 使用测试数据进行预测
10 predictions = clf.predict(X_test)
11
```

- clf = RandomForestClassifier(n_estimators=100)：初始化一个随机森林分类器的实例，并将它赋值给变量 clf。参数 n_estimators=100 表示在这个随机森林模型中会创建 100 棵决策树。

- clf.fit(X_train,y_train)：使用训练数据集 X_train 和对应的标签 y_train 训练随机森林模型。在这个过程中，随机森林模型将学习如何从特征预测标签。

- predictions = clf.predict(X_test)：使用训练好的随机森林模型对测试数据集 X_test 进行预测，返回的预测结果保存在变量 predictions 中。

注意

　X_train、y_train 和 X_test 是在这段代码之前已经准备好的数据，X_train 和 X_test 包含训练和测试的特征，y_train 包含训练数据的标签。

随机森林的优点在于它既能处理分类问题，也能处理回归问题，而且不需要太多的参数调优。同时，随机森林能提供特征的重要性评估，因此它常被用作特征选择的工具。

随机森林也存在一些缺点。因为模型包含了大量决策树，所以训练和预测的过程可能会比较耗时。此外，与单一的决策树相比，随机森林的结果可能不那么容易解释。尽管如此，随机森林仍然是机器学习中最常用的模型之一。

4.2　无监督学习实战

无监督学习的目标是发现数据本身的内在结构和模式，而不是预测某个特定的输出。换句话说，无监督学习是从未标记的数据中学习的，这使它在处理一些实际问题时具有独特的优势，如聚类、降维和异常检测等。

本节将通过两个广泛应用的无监督学习算法——K-means 和主成分分析（Principal Component Analysis，PCA），具体展示如何在实践中应用无监督学习。这两个算法都是无监督学习中最基础且最重要的技术，能处理各种实际应用场景，也是数据科学家必备的工具。

在接下来的小节中，将详细介绍这两个算法的理论背景和实践应用，通过实际的代码示例展示如何在 Python 中使用这些算法。

4.2.1　K-means

K-means 是一种广泛使用的无监督学习算法，主要用于聚类任务。该算法将样本分为 k 个集群，其中每个集群都由其内部的样本均值代表，这个样本均值通常被称为集群中心或质心。K-means 算法是通过迭代的方式，尝试找到最佳的划分，使所有集群内部的样本尽可能相似，即质心与其内部样本的距离最小，同时，不同集群之间的样本尽可能不同，即质心之间的距离最大。

下面简单描述 K-means 算法的工作流程。

（1）指定想要形成的集群数量 k。

（2）算法随机初始化 k 个集群中心。

（3）在每一次迭代中，算法首先将每个样本分配给最近的集群中心，然后将每个集群的中心更新为该集群内部样本均值。

（4）重复进行以上步骤，直到集群中心的变化小于某个预定的阈值，或达到预设的最大迭代次数。

值得注意的是，由于 K-means 算法的初始集群中心是随机选择的，因此算法的最终结果可能会受到这个初始选择的影响。为了解决这个问题，通常会运行多次 K-means 算法，每次都随机初始化集群中心，并选择结果最好的一次作为最终结果，即所有样本与所在集群中心的距离之和最小。

在 Python 中，用户可以使用 Scikit-Learn 库中的 KMeans 类实现 K-means 算法。下面是一个简单的例子：

```
1    from sklearn.cluster import KMeans
2
3    # 创建一个实例，设定集群数量为 3
4    kmeans = KMeans(n_clusters=3)
5
6    # 使用 K-means 算法对数据进行聚类
```

```
7    kmeans.fit(X)
8
9    # 获取聚类结果
10   labels = kmeans.labels_
11
```

- kmeans = KMeans(n_clusters=3)：初始化一个 KMeans 聚类器的实例，并将它赋值给变量 kmeans。参数 n_clusters=3 表示在这个 KMeans 模型中会创建 3 个聚类中心。
- kmeans.fit(X)：使用数据集 X 训练 KMeans 模型。在这个过程中，KMeans 模型将学习如何根据数据特征，将数据点划分到不同的聚类中。
- labels = kmeans.labels_：获取 KMeans 聚类的结果，即每个数据点被分配到哪一个聚类中。这个结果被保存在变量 labels 中，包括从 0 到 n_clusters-1 的整数。

注意

　X 是包含待聚类的特征，应在编写代码之前就准备好。在调用 fit 方法时，不需要提供目标变量（标签），因为聚类是一种无监督学习方法，不需要目标变量。

4.2.2　主成分分析

　　主成分分析，即 PCA，是一种常见的无监督学习算法，主要用于数据的降维和可视化。主成分分析通过找出数据中的主要成分，即解释数据方差最大的方向，从而达到简化数据复杂性的目的。

　　下面介绍 PCA 的工作原理。

　　（1）PCA 计算数据集的协方差矩阵。

提示

　　在统计和概率理论中，协方差矩阵是一个表示几个变量之间协方差的方阵。对于一个数据集，每个变量都有一定的方差，该方差表示该变量数据分散的程度。不同的变量之间也可能存在某种协方差，该协方差表示这两个变量可能以某种方式相关。

协方差矩阵的对角线上的元素是各个变量的方差，非对角线上的元素是对应两个变量的协方差。对于给定的 n 维数据集，其协方差矩阵将是一个 $n \times n$ 的矩阵。

例如，对于三个变量 X、Y 和 Z 的数据集，其协方差矩阵可能如下：

$$\begin{bmatrix} \text{var}(X) & \text{Cov}(X,Y) & \text{Cov}(X,Z) \\ \text{Cov}(Y,X) & \text{var}(Y) & \text{Cov}(Y,Z) \\ \text{Cov}(Z,X) & \text{Cov}(Z,Y) & \text{var}(Z) \end{bmatrix} \tag{4.10}$$

式中，$\text{var}(X)$、$\text{var}(Y)$ 和 $\text{var}(Z)$ 分别代表变量 X、Y 和 Z 的方差，$\text{Cov}(X,Y)$、$\text{Cov}(X,Z)$ 和 $\text{Cov}(Y,Z)$ 分别代表变量 X、Y 和 Z 之间的协方差。

（2）PCA 找到这个协方差矩阵的特征值和特征向量。这些特征向量也被称为主成分，主成分就是我们要找的解释数据方差最大的方向。

（3）PCA 按照特征值的大小对这些主成分进行排序，并选择前 k 个主成分。这样，用户就可以用这 k 个主成分代替原来的数据，从而达到降维的目的。

在 Python 中，用户可以使用 Scikit-Learn 库中的 PCA 类实现主成分分析。下面是一个简单的例子：

```
1  from sklearn.decomposition import PCA
2
3  # 创建一个 PCA 实例，设定要保留的主成分数量为 2
4  pca = PCA(n_components=2)
5
6  # 使用 PCA 对数据进行降维
7  X_pca = pca.fit_transform(X)
8
```

pca = PCA(n_components=2)：创建一个 PCA 对象。参数 n_components=2 表示用户希望将数据降维到两个主成分上。换句话说，用户想要通过 PCA 降低数据维度，保留数据中的两个主要成分。

X_pca = pca.fit_transform(X)：首先，对数据 X 进行拟合，找出 PCA 变换需要的参数；然后，使用这些参数对 X 进行变换，将原始数据映射到主成分定义的空间。X_pca 是转换后的数据，其每个数据点现在都是二维的，因为我们选择了两个主成分。

4.3　深度学习实战

深度学习作为人工智能的最前沿领域，近年来发展迅猛，其核心是模拟人脑的神经网络结构，通过构建复杂的、深度的神经网络，实现从数据中自动学习和提取特征。深度学习在语音识别、图像识别、自然语言处理等多个领域都取得了非常显著的成果。

接下来，将介绍深度学习的三种主要模型：神经网络、卷积神经网络和循环神经网络，并通过具体的案例，带领读者熟悉并掌握这些模型的构建和训练过程。

4.3.1　神经网络

神经网络是深度学习的基础，它试图模拟人脑的神经元网络，以实现对复杂模式的学习。下面介绍神经网络的各个组成部分，以及如何训练一个神经网络模型。

首先，我们需要了解神经网络的基本构成单元——神经元。在神经网络中，神经元一般有多个输入和一个输出。每个输入都有对应的权重，这些输入进行加权后，加上偏置值形成神经元的净输入。通过激活函数转换净输入，即可得到神经元的输出。这个过程可以被看作模型从数据中学习特征。

激活函数的主要目的是引入非线性因素到神经网络中，这样神经网络就可以解决复杂的问题了，如识别和理解语音、图像等数据，这些问题通常不能通过简单的线性模型解决。如果没有激活函数，则无论网络有多少层，最终输出都将是输入的线性组合，这将大大限制神经网络的表达能力。

常见的激活函数包括 Sigmoid、tanh、ReLU（Rectified Linear Unit）、Leaky ReLU、ELU（Exponential Linear Units）等。

- Sigmoid 函数可以将任意实数映射到（0,1），通常用于输出层的二分类。
- tanh 函数可以将任意实数映射到（−1,1），此函数是 Sigmoid 函数的变体。
- ReLU 函数在输入大于 0 时，直接输出该值，在输入小于 0 时，输出 0。该函数简单且计算量小。
- Leaky ReLU 函数在输入小于 0 时，计算一个很小的常数乘以输入值的乘积，并输出该乘积。
- ELU 函数在输入小于 0 时，输出一个小于等于−1 的值，能缓解 ReLU 函数的 Dead ReLU 问题。

通过激活函数，神经网络能学习并执行更复杂的任务。

神经网络的训练是通过优化权重和偏置值完成的，其目标是最小化损失函数（Loss Function）。在机器学习和统计学中，损失函数用量化模型预测结果与真实数据之间的差异。也就是说，损失函数可以衡量模型的预测错误程度。通过最小化损失函数，我们可以找到模型的最优参数。

常见的损失函数有以下两种。

- 均方误差：这是最常用的回归损失函数。均方误差是实际输出和预测输出之间差平方的平均值。因此，均方误差只能用于回归问题。均方误差对于大的误差会给予更大的惩罚，因为误差被平方了。
- 交叉熵损失（Cross-Entropy）：最常用的分类损失函数。在二分类问题中，交叉熵损失函数可以被看作真实类别的负对数概率。对于多分类问题，交叉熵损失函数是每个类别的负对数概率的和。交叉熵损失函数的优点是在实际类别和预测类别之间的差距较大时，损失会增大，这促使模型在训练过程中更快地收敛。

下面，看一个简单的神经网络示例。

假设有一个二分类问题，输入是两个特征，输出是类别 0 或类别 1。我们可以构建一个包含一个隐藏层的简单神经网络解决这个问题。隐藏层包含两个神经元，使用 Sigmoid 函数作为激活函数；输出层包含一个神经元，同样使用 Sigmoid 函数作为激活函数。损失函数选择交叉熵损失。代码如下：

```
1   import numpy as np
2   from sklearn.datasets import make_classification
3   from sklearn.model_selection import train_test_split
4   from sklearn.metrics import accuracy_score
5   from sklearn.neural_network import MLPClassifier
6
7   # 生成二分类问题的数据
8   X,y = make_classification(n_samples=100,n_features=2,n_informative=
2,n_redundant=0,random_state=123)
9
10  #划分数据集
11  X_train,X_test,y_train,y_test = train_test_split(X,y,test_size=0.2,
random_state=123)
```

```
12
13  # 构建神经网络模型
14  model = MLPClassifier(hidden_layer_sizes=(2, ),activation='logistic',
    solver='sgd',learning_rate_init=0.01,max_iter=500)
15
16  # 训练模型
17  model.fit(X_train,y_train)
18
19  # 预测
20  y_pred = model.predict(X_test)
21
22  # 评估
23  print("Accuracy: ",accuracy_score(y_test,y_pred))
24
```

提示

在神经网络中，隐藏层是输入层和输出层之间的一层或多层，这些层的功能是将输入数据进行非线性转换，并将这些转换后的数据传递给下一层，直到输出层。

隐藏层中的每一个神经元都会接收来自上一层所有神经元的输入，并对这些输入进行加权求和，并通过一个激活函数，将结果转化为非线性数据，再传递给下一层。

上述代码的输出结果如图 4-1 所示。

```
D:\DeskFile\书籍\机器学习入门实战\Code\MyPythonCode\深度学习>python 神经网络.py
D:\software\Python_3.11.4\Lib\site-packages\sklearn\neural_network\_multilayer_perceptron.py:686: ConvergenceWarning: Stochastic Optimizer: Maximum iterations (500) reached and the opti
mization hasn't converged yet.
  warnings.warn(
Accuracy:  0.75

D:\DeskFile\书籍\机器学习入门实战\Code\MyPythonCode\深度学习>
```

图 4-1

下面对上述代码中的细节进行介绍。

- 生成二分类问题的数据：使用 make_classification 函数生成一个包含 100 个样本、2 个特征、2 个有用信息的二分类问题数据集。
- 划分数据集：通过 train_test_split 函数将数据集划分为训练集和测试集，其中测试集的比例为 20%。

- 构建神经网络模型：使用 MLPClassifier 类构建一个神经网络模型，该模型有一个包含两个神经元的隐藏层，激活函数选择逻辑回归（sigmoid），求解器选择随机梯度下降（sgd），学习率初始值为 0.01，最大迭代次数为 500。
- 训练模型：通过调用模型的 fit 方法，使用训练数据对模型进行训练。
- 预测：使用训练好的模型对测试数据进行预测，预测结果保存在 y_pred 中。
- 评估：使用 accuracy_score 函数计算模型在测试集上的准确度，并将结果打印出来。
- 用户可以根据自己的需求调整模型的参数，如隐藏层神经元的数量、激活函数、优化器、学习率等。

通过上述讨论，读者应该对神经网络有了基本的理解。需要注意，神经网络是一个非常复杂的领域，还有许多细节需要进一步学习和实践。接下来，将深入探讨更复杂的神经网络模型。

4.3.2 卷积神经网络

卷积神经网络（Convolutional Neural Networks，CNN）是一种专门处理具有网格结构数据的深度学习模型。CNN 已经在图像处理领域（如图像分类、物体检测和人脸识别）取得了巨大的成功。

网格结构的数据是指数据存在一种结构化的排列方式，各个数据点在空间上相互关联，形成了一种网格状布局。这种布局方式非常适合用来表示图像、音频等类型的数据。

例如，图像数据可以被看作一个二维的网格，其中每个像素点都对应网格中的一个位置，有行和列坐标。每个像素点都包含颜色信息。在彩色图像中，通常用 RGB 三个通道的值表示颜色信息。这种二维的网格结构可以方便地表示图像中的各种信息，包括色彩、纹理、形状和对象等。

音频数据可以被看作一个一维的网格，其中每个样本点都对应网格中的一个位置，有时间坐标。每个样本点都包含声音的振幅信息。这种一维的网格结构可以方便地表示音频中的各种信息，包括节奏、音调、音色和旋律等。

CNN 的核心思想是局部感知字段和权值共享。局部感知字段意味着每个神经元不再是全连接的，而只是连接到输入数据的一个小的局部区域，这能大幅减少模型的参数。权值共享是指在空间维度上，不同位置的神经元可以使用同一组权值，这能减少参数的数量，并能引入平移不变性，即无论目标物体在图像的哪个位置，CNN 都能有效检测到。

提示

全连接（Fully Connected）是指一层中的神经元与上一层的所有神经元都有连接。例如，在一个全连接层中，每个神经元都接收上一层所有神经元的输出作为输入。这种设计使每个神经元都有机会从所有的信息中提取特征。

然而，在卷积神经网络中，一个重要的设计思想是局部感知字段，也就是说，每个神经元并不与上一层的所有神经元连接，而是只连接到输入数据的一个小的局部区域，如一个 5×5 的像素块。这样做的好处是可以大大减少模型的参数数量，从而减少过拟合的风险，并提高计算效率。

一个典型的 CNN 结构包含三种类型的层：卷积层、池化层和全连接层。

● 卷积层用于提取输入的局部特征。

● 池化层用于降低数据的空间大小，减少计算量，同时提供一定程度的平移不变性。平移不变性是指当图像或数据的位置发生微小改变时，模型的预测能力不会受到影响。在卷积神经网络中，它是通过权重共享实现的。池化是一种降低数据维度的操作。例如，最大池化（Max Pooling）是取一块区域内的最大值作为该区域的代表。这样一来，即使输入的特征有微小的平移，池化操作的结果也不会有太大变化，因此模型的预测能力也能在一定程度上保持不变。

● 全连接层也称为密集层，类似于传统的神经网络层，通常在 CNN 的最后几层中使用，用于执行高级的推理和分类任务。

卷积神经网络中的每一个卷积核在处理输入数据（如图像）时，都是以同样的方式在整个输入数据上滑动并进行计算的。这意味着无论目标特征（如图像中的某个物体）在何处，卷积核都能以同样的方式对其进行检测。这种设计使模型对输入数据的位置具有一定程度的鲁棒性，即模型的预测能力不会因为输入数据的平移而受到太大影响。

以下是一个简单的 CNN 模型示例，使用 Keras 库对 MNIST 数据集进行图像分类：

```
1   from keras.datasets import mnist
2   from keras.models import Sequential
3   from keras.layers import Conv2D,MaxPooling2D,Flatten,Dense
4   from keras.utils import to_categorical
5
6   # 数据导入
7   (train_images,train_labels),(test_images,test_labels) = mnist.load_
data()
8
9   # 数据预处理
10  train_images = train_images.reshape((60000,28,28,1))
11  train_images = train_images.astype('float32') / 255
12  test_images = test_images.reshape((10000,28,28,1))
13  test_images = test_images.astype('float32') / 255
14  train_labels = to_categorical(train_labels)
15  test_labels = to_categorical(test_labels)
16
17  # 创建模型
18  model = Sequential()
19  model.add(Conv2D(32,(3,3),activation='relu',input_shape=(28,28,1)))
20  model.add(MaxPooling2D((2,2)))
21  model.add(Conv2D(64,(3,3),activation='relu'))
22  model.add(MaxPooling2D((2,2)))
23  model.add(Flatten())
24  model.add(Dense(10,activation='softmax'))
25
26  # 编译模型
27  model.compile(optimizer='adam',loss='categorical_crossentropy',
metrics=['accuracy'])
28
29  # 训练模型
30  model.fit(train_images,train_labels,epochs=5,batch_size=64)
31
32  # 评估模型
33  test_loss,test_acc = model.evaluate(test_images,test_labels)
34  print('Test accuracy:',test_acc)
35
```

上述代码的执行结果如图 4-2 所示。

```
D:\DeskFile\书籍\机器学习入门实战\Code\MyPythonCode\深度学习>python 卷积神经网络.py
Downloading data from https://storage.googleapis.com/tensorflow/tf-keras-datasets/mnist.npz
11490434/11490434 [==============================] - 142s 12us/step
Epoch 1/5
938/938 [==============================] - 17s 17ms/step - loss: 0.1973 - accuracy: 0.9434
Epoch 2/5
938/938 [==============================] - 19s 21ms/step - loss: 0.0599 - accuracy: 0.9818
Epoch 3/5
938/938 [==============================] - 21s 22ms/step - loss: 0.0438 - accuracy: 0.9867
Epoch 4/5
938/938 [==============================] - 21s 22ms/step - loss: 0.0359 - accuracy: 0.9890
Epoch 5/5
938/938 [==============================] - 21s 22ms/step - loss: 0.0291 - accuracy: 0.9912
313/313 [==============================] - 2s 4ms/step - loss: 0.0322 - accuracy: 0.9887
Test accuracy: 0.9886999726295471

D:\DeskFile\书籍\机器学习入门实战\Code\MyPythonCode\深度学习>
```

图 4-2

提示

MNIST 数据集是一个大规模的手写数字图像数据集，是机器学习中最经典和最常用的数据集之一，特别是在图像分类任务和深度学习入门中经常被使用。

MNIST 数据集包含 60000 个训练样本和 10000 个测试样本，每个样本都是一幅 28 像素×28 像素的灰度图像，代表 0~9 的十个数字中的一个。每一幅图像都被标注了对应的真实数字。

在图像的每个像素中，数字 0 代表白色，数字 255 代表黑色，数字在这两者之间的表示不同的灰度级别。因此，一个图像可以表示为一个 28×28 的矩阵，矩阵中的每个元素都是一个 0~255 的整数。

在上面这个例子中，首先，从 Keras 的 datasets 模块中导入 MNIST 数据集。随后，将数据集的图像进行预处理，包括改变形状（使数据集适应模型的输入要求）以及归一化处理。最后，将标签转换为 one-hot 编码形式，以便进行多分类任务。

然后，创建一个 Sequential 模型，这是 Keras 中一种常见的线性模型结构。这个模型包含如下内容。

- 两个卷积层和两个最大池化层，用于特征的提取和降维。
- 一个展平层（Flatten），将卷积和池化后的 2D 数据展平为 1D。
- 一个全连接层（Dense），作为输出层，用于进行最后的分类。在全连接层中，用 softmax 激活函数生成每个类别的概率输出。

模型创建完成后，进行模型编译、设置优化器（这里用的是 Adam）、损失函数（这里用的是分类交叉熵损失）和评价指标（这里用的是准确率）。

接着，对模型进行训练，设置训练轮数（epochs）和每个批次的样本数量（batch_size）。

最后，用测试集对模型进行评估，打印出模型在测试集上的准确率。

卷积神经网络的设计和训练涉及许多技术和概念，包括卷积操作、ReLU 激活函数、过拟合、批量归一化、数据增强等。在实践中，通常需要结合对任务的理解和实验结果，确定如何使用网络结构及如何调整超参数。

4.3.3 循环神经网络

循环神经网络（Recurrent Neural Networks，RNN）是一种专门用于处理序列数据的深度学习模型。RNN 的特点在于有记忆功能，能在处理当前输入时考虑到先前的输入，这使 RNN 在理解文本的语义、预测股票价格等任务上具有优势。

提示

序列数据是指一组按照时间顺序或某种连续规律排列的数据，如音频、视频、股票价格、传感器数据、文本等，这些数据都有时间维度或序列顺序。

在传统的神经网络中，输入数据是相互独立的，但是对于序列数据，不同时间点的数据之间存在依赖关系。例如，在处理语言时，一个单词的含义可能会受到前后文的影响，因此需要一个可以处理这种依赖关系的模型，这就是 RNN。

RNN 中的循环是指网络结构存在循环，网络的输出会反馈到输入，这样就形成了一个内部状态，可以记住历史信息。

RNN 的基本单元是一个带有自环连接的神经元，该神经元能将上一时间步的隐藏状态传递给当前时间步。这种结构使 RNN 具有"记忆功能"，能捕捉序列中的时间依赖关系。但是，基本的 RNN 存在一个问题，那就是难以捕捉长期依赖关系，即难以捕捉当前的输出和较早的输入之间的关系。这是由于在反向传播过程中，梯度往往会发生消失或爆炸，使模型难以学习远距离的依赖关系。

为了解决这个问题，人们设计了更复杂的 RNN 变体，如长短期记忆（Long Short-Term Memory，LSTM）和门控循环单元（Gated Recurrent Unit，GRU）。这些模型通过引入门控机制，使模型能更好地控制信息的流动，从而能捕捉更长期的依赖关系。

提示

自环连接的神经元是指神经元的输出被反馈到它自己的输入，这是 RNN 的基本特性，它可以在时间步之间传递信息。

在 RNN 中，每个神经元都接受两个输入，一个是当前时间步的输入数据，另一个是上一时间步的隐藏状态（也就是神经元的输出）。这个隐藏状态可以被理解为网络的"记忆"，包含到目前为止序列中的所有历史信息。这就是 RNN 的自环连接。

下面是一个简单的 LSTM 模型示例，使用 Keras 库进行文本分类：

```
1  from keras.datasets import imdb
2  from keras.preprocessing import sequence
3  from keras.models import Sequential
4  from keras.layers import Embedding,LSTM,Dense
5  from tensorflow.keras.preprocessing.sequence import pad_sequences
6
7  # 数据导入
8  (train_data,train_labels),(test_data,test_labels) = imdb.load_data
   (num_words=10000)
9
10 # 数据预处理
11 train_data = pad_sequences(train_data,maxlen=500)
12 test_data = pad_sequences(test_data,maxlen=500)
13
14 # 创建模型
15 model = Sequential()
16 model.add(Embedding(10000,32))
17 model.add(LSTM(32))
18 model.add(Dense(1,activation='sigmoid'))
19
20 # 编译模型
21 model.compile(optimizer='rmsprop',loss='binary_crossentropy',
   metrics=['acc'])
```

```
22
23  # 训练模型
24  model.fit(train_data,train_labels,epochs=10,batch_size=128,
validation_split=0.2)
25
26  # 评估模型
27  test_loss,test_acc = model.evaluate(test_data,test_labels)
28  print('Test accuracy:',test_acc)
29
```

上述代码的输出结果如图 4-3 所示。

```
D:\DeskFile\书籍\机器学习入门实战\Code\MyPythonCode\深度学习>python 循环神经网络.py
Epoch 1/10
157/157 [==============================] - 40s 236ms/step - loss: 0.5990 - acc: 0.6674 - val_loss: 0.4910 - val_acc: 0.7578
Epoch 2/10
157/157 [==============================] - 39s 248ms/step - loss: 0.3620 - acc: 0.8511 - val_loss: 0.3612 - val_acc: 0.8508
Epoch 3/10
157/157 [==============================] - 46s 291ms/step - loss: 0.2763 - acc: 0.8931 - val_loss: 0.3105 - val_acc: 0.8698
Epoch 4/10
157/157 [==============================] - 46s 296ms/step - loss: 0.2354 - acc: 0.9129 - val_loss: 0.2918 - val_acc: 0.8800
Epoch 5/10
157/157 [==============================] - 51s 323ms/step - loss: 0.2036 - acc: 0.9248 - val_loss: 0.3321 - val_acc: 0.8782
Epoch 6/10
157/157 [==============================] - 59s 374ms/step - loss: 0.1799 - acc: 0.9356 - val_loss: 0.3533 - val_acc: 0.8772
Epoch 7/10
157/157 [==============================] - 80s 507ms/step - loss: 0.1633 - acc: 0.9404 - val_loss: 0.3273 - val_acc: 0.8792
Epoch 8/10
157/157 [==============================] - 71s 450ms/step - loss: 0.1482 - acc: 0.9484 - val_loss: 0.3534 - val_acc: 0.8828
Epoch 9/10
157/157 [==============================] - 52s 333ms/step - loss: 0.1372 - acc: 0.9504 - val_loss: 0.3179 - val_acc: 0.8702
Epoch 10/10
157/157 [==============================] - 42s 267ms/step - loss: 0.1255 - acc: 0.9560 - val_loss: 0.4066 - val_acc: 0.8784
782/782 [==============================] - 39s 49ms/step - loss: 0.4411 - acc: 0.8660
Test accuracy: 0.8660399913787842

D:\DeskFile\书籍\机器学习入门实战\Code\MyPythonCode\深度学习>
```

图 4-3

上面这个例子使用 Keras 库创建一个情感分类器，该分类器对 IMDb 数据集进行分析，并确定情绪是积极的还是消极的。情感分类器首先加载一个 IMDb 数据集，其中只包含出现频率最高的 10000 个单词，然后通过补零的方式处理这些单词序列，使单词序列的长度均为 500。

随后，代码构建一个序贯模型，其中包含三个主要的层：嵌入层、LSTM 层和全连接层。嵌入层将输入的单词编码转换为具有 32 个维度的向量；LSTM 层学习输入序列中的长期依赖性；全连接层使用 sigmoid 激活函数进行二元分类，输出一个 0~1 的概率，表示评论是正面情绪的可能性。

在定义模型结构之后，代码使用 rmsprop 优化器和 binary_crossentropy 损失函数编译模型，并使用训练数据对模型进行训练，训练过程中，部分数据被用作验证集。

在实际应用中，还需要考虑一些其他的问题，如序列的长度、模型的复杂性、过拟合等，这可能需要通过实验进行调整和优化。

4.4 模型评估与选择

在机器学习和深度学习任务中，通常需要在多个模型或在多个不同参数的模型之间进行选择，这就涉及模型的评估与选择。模型的目标是优化某个性能指标，如准确率、AUC、F1 分数等。然而，在实际应用中，通常不能直接通过训练集上的性能判断模型的优劣，因为模型可能在训练集上过拟合，导致模型在新的数据上的性能下降。因此，需要一些更为可靠的方法评估模型的性能，并选择最优的模型。

提示

ROC 曲线是反映灵敏性和特异性连续变量阈值的综合指标。ROC 曲线的横坐标是假正类率（False Positive Rate，FPR），纵坐标是真正类率（True Positive Rate，TPR）。ROC 曲线下面积（Area Under the Receiver Operating Characteristic Curve，AUC）的值是 ROC 曲线下的面积，值越大，说明分类器的性能越好。当 AUC 为 0.5 时，表示分类器的性能等价于随机猜测。AUC 是一个很好的度量指标，它既考虑正类和负类，又不受分类阈值的影响。

F1 分数是精确率（Precision）和召回率（Recall）的调和平均值。精确率是预测为正类的样本中真正为正类的比例，召回率是真正为正类的样本被预测出来的比例。对于某些需要同时考虑精确率和召回率的任务，F1 分数是一个很好的度量指标。例如，在信息检索、文本分类等任务中，F1 分数被广泛使用。F1 分数越高，说明模型的性能越好。当 F1 分数为 1 时，则说明模型的精确率和召回率都是完美的。

1. 留出法

留出法是最直观的模型评估方法，其基本思想是将数据集分成两个互斥的集合，即训练集和测试集。训练集用于训练模型，而测试集用于评估模型的泛化性能。这种方法简单直观，实现起来也很方便。

在实践中，通常将 70%～80%的数据用作训练集，剩余的数据用作测试集。这样做的目的是确保模型有足够的数据进行训练，同时也有足够的数据测试模型的性能。

然而，留出法也有缺点。首先，由于测试集在模型训练过程中并未使用，可能会导致训练数据的浪费。其次，由于训练集和测试集的划分是随机的，可能会因为随机性导致模型性能评估的结果存在一定的不稳定性。尤其是当数据集规模较小或分布不均匀时，这种影响更为显著。为了解决这个问题，人们提出交叉验证和自助法等更为稳健的模型评估方法。为了进行模型选择和调参，通常还会额外划分出一部分数据作为验证集，用于在模型训练过程中评估模型性能。

2．交叉验证

交叉验证是比留出法更为稳健的模型评估方法。交叉验证的目的是克服数据集划分方式对模型性能评估的影响。交叉验证的基本思想是先将原始数据集分成 k 个子集，然后重复进行 k 次训练和测试。在每一次中，选择一个子集作为测试集，剩余的 k-1 个子集作为训练集。这样，每个子集都有一次机会作为测试集，每次训练都用到大部分的数据。最后，将 k 次测试结果的平均值作为模型的性能指标。通过这种方式，交叉验证能降低评估结果因数据划分方式的不同而产生的差异，使模型的性能评估更为稳定、准确。

交叉验证最常见的是 K 折交叉验证，即将数据集分为 k 个子集。特别地，当 k 等于样本数量时，这种交叉验证被称为留一交叉验证（Leave-One-Out，LOO）。虽然留一交叉验证可以得到最准确的估计结果，但由于需要进行 n 次训练和测试，计算成本较高。

需要注意，交叉验证需要对每个子集都进行一次训练和测试，因此计算成本比留出法要高。但是，由于交叉验证对模型性能的评估更为准确和稳定，因此在实践中常常被使用。

3．自助法

自助法（Bootstrapping）是另一种模型评估和选择的方法，它适用于小数据集的情况。

在自助法中，通过使用有放回的随机抽样方式，从原始数据集中选出和原始数据集一样大小的新数据集作为训练集，此训练集被称为一个自助样本。在这个过程中没有被抽到的样本组成测试集。这样，每一轮抽样都会有一个独立的训练集和测试集，可以像在留出法和交叉验证中那样训练模型并评估其性能。

自助法的优点是允许训练集和测试集相互独立，这使评估结果更稳定。此外，由于是有放回地抽样，因此可以从一个较小的数据集中获取更多的信息。然而，自助法也有缺点，由于有放回抽样的特性，训练集中可能会有重复的样本。

总而言之，自助法是一种灵活且强大的工具，但在使用时也需要注意其局限性。

4．模型选择与调参

在机器学习任务中，一般情况下需要从多种模型中选择最优的一个模型，同时还需要为这个模型选择最优的参数。这个过程就称为模型的选择与调参。

（1）模型选择是指从多个候选模型中，选择一个在验证集上性能最好的模型。这些模型可以是不同类型的模型（如决策树、支持向量机、神经网络等），也可以是同一类型但是架构不同的模型（对于神经网络来说，可以是隐藏层的数量、神经元的数量等）。

（2）模型调参是指为所选模型寻找最优的超参数。超参数是在开始学习过程之前设置的参数，不同于模型训练过程中的其他参数。例如，学习率、正则化系数、批处理大小等都是超参数。调整这些超参数可以影响模型的学习过程和性能。

为了进行模型选择与调参，通常会从训练数据中划分出一部分作为验证集。验证集的目的是模拟测试集，用于评估模型性能和调整模型超参数，但是验证集不参与模型训练。这样可以在训练过程中通过验证集评估模型的性能，而无须使用测试集，保证用户对模型最终性能的评估是公正且未知的。

需要注意，虽然通过调参可以提升模型的性能，但是过度的调参可能会导致过拟合，即模型过度适应训练数据，而在测试数据上的性能下降。因此，在模型选择与调参过程中需要注意避免过拟合，确保模型具有良好的泛化能力。

4.5　案例分析：客户流失预测

在银行业，了解哪些客户可能会在未来流失，并采取相应措施预防客户流失是非常重要的。对此，可以使用机器学习的方法对可能的客户流失情况进行预测。

假设现在有一份银行客户数据，该数据包含以下字段：

```
1   Age：客户的年龄
2   Job：客户的工作类型
3   Marital：客户的婚姻状况
4   Education：客户的教育程度
5   Default：客户是否有违约记录
```

6　Balance：客户的年平均余额

7　Housing：客户是否有住房贷款

8　Loan：客户是否有个人贷款

9　Exited：客户是否流失，1 表示流失，0 表示未流失

本案例的目标是构建一个模型，预测客户在未来是否会流失。

1. 模拟生成测试数据

生成测试数据的代码如下：

```
1  # 导入所需的库
2  import pandas as pd
3  import numpy as np
4
5  # 设置随机种子
6  np.random.seed(0)
7
8  # 定义数据集大小
9  n_samples = 10000
10
11 # 生成随机数据
12 age = np.random.randint(20,80,n_samples)  # 年龄为 20~80 岁
13 job = np.random.choice(['blue-collar','services','admin','entrepreneur',
'self-employed'],n_samples)  # 工作类型
14 marital    =    np.random.choice(['married','single','divorced'],
n_samples)  # 婚姻状况
15 education    =    np.random.choice(['primary','secondary','tertiary',
'unknown'],n_samples)  # 教育程度
16 default = np.random.choice([0,1],n_samples)  # 是否违约
17 balance = np.random.randint(-2000,20000,n_samples)  # 年平均余额
18 housing = np.random.choice([0,1],n_samples)   # 是否有住房贷款
19 loan = np.random.choice([0,1],n_samples)   # 是否有个人贷款
20 exited = np.random.choice([0,1],n_samples)   # 是否流失
21
22 # 创建数据框
23 df = pd.DataFrame({
24     'Age': age,
25     'Job': job,
26     'Marital': marital,
27     'Education': education,
```

```
28        'Default': default,
29        'Balance': balance,
30        'Housing': housing,
31        'Loan': loan,
32        'Exited': exited
33 })
34
35 # 保存数据到 CSV 文件
36 df.to_csv('bank_data_2.csv',index=False)
37
```

　　上面的代码生成了一个包含 10000 条模拟银行客户数据的数据集，并保存为 CSV 文件。请注意，此数据集是一个随机生成的数据集，所有的值都是随机的，并不反映真实世界的情况。在实际工作中，需要使用实际收集的数据。

2．模型构建与评估

　　下面是一个简单的示例代码，使用 Python 的 Scikit-Learn 库实现一个基于逻辑回归的预测模型：

```
1  # 导入所需的库
2  import pandas as pd
3  from sklearn.model_selection import train_test_split
4  from sklearn.preprocessing import LabelEncoder,StandardScaler
5  from sklearn.linear_model import LogisticRegression
6  from sklearn.metrics import accuracy_score,confusion_matrix
7
8  # 读取数据
9  df = pd.read_csv('bank_data_2.csv')
10
11 # 将分类变量转换为数值
12 le = LabelEncoder()
13 df['Job'] = le.fit_transform(df['Job'])
14 df['Marital'] = le.fit_transform(df['Marital'])
15 df['Education'] = le.fit_transform(df['Education'])
16 df['Default'] = le.fit_transform(df['Default'])
17 df['Housing'] = le.fit_transform(df['Housing'])
18 df['Loan'] = le.fit_transform(df['Loan'])
19
20 # 划分数据集
```

```
21 X = df.drop('Exited',axis=1)
22 y = df['Exited']
23 X_train,X_test,y_train,y_test = train_test_split(X,y,test_size=0.2,
random_state=42)
24
25 # 特征缩放
26 scaler = StandardScaler()
27 X_train = scaler.fit_transform(X_train)
28 X_test = scaler.transform(X_test)
29
30 # 构建模型
31 model = LogisticRegression()
32 model.fit(X_train,y_train)
33
34 # 预测测试集
35 y_pred = model.predict(X_test)
36
37 # 计算准确度
38 accuracy = accuracy_score(y_test,y_pred)
39
40 # 打印准确度
41 print("Accuracy: ",accuracy)
42
43 # 打印混淆矩阵
44 print("Confusion Matrix: \n",confusion_matrix(y_test,y_pred))
45
```

上述代码的输出结果如图 4-4 所示。

```
D:\DeskFile\书籍\机器学习入门实战\Code\MyPythonCode\机器学习模型构建与评估>python 机器学习模型构建与评估案例.py
Accuracy:  0.5
Confusion Matrix:
 [[43 44]
 [56 57]]

D:\DeskFile\书籍\机器学习入门实战\Code\MyPythonCode\机器学习模型构建与评估>
```

图 4-4

这个模型的准确度可预测用户模型的准确性，混淆矩阵可帮助用户理解模型在各类预测上的表现。

在实际应用中，用户可能需要尝试使用不同的预处理策略和模型参数，甚至可能需要尝试使用其他类型的模型，以提高预测的准确度。

第5章 机器学习项目实战

前面介绍了机器学习的基础理论知识，本章将通过具体的机器学习项目，介绍这些理论知识如何落地。

项目一为房价预测。这个项目中会使用监督学习中的回归模型，通过房屋的各种属性预测其销售价格。这是一个典型的回归问题，可以帮助读者理解和掌握如何构建和优化回归模型，以及介绍如何处理连续的目标变量。

项目二为图像识别。图像识别是深度学习的一个重要应用。在这个项目中，将使用 CNN 识别图像中的物体。通过这个项目，用户可以深入理解 CNN 的工作原理和使用方法，以及如何处理和分析图像数据。

项目三为自然语言处理。自然语言处理是深度学习的重要应用领域。在此项目中，将使用 RNN 和 Transformer 模型处理语言数据，完成情感分析、文本分类等任务。通过这个项目，读者将理解如何处理文本数据，以及如何构建和优化 NLP 模型。

项目四为新闻主题分类。

项目五为信用卡欺诈检测。

通过这些项目，读者将全面了解机器学习和深度学习的流程和技术，从而为读者的数据科学之路打下坚实的基础。

5.1 项目一：房价预测

本项目的任务是预测房屋的销售价格，这是一个典型的回归问题。下面通过实战的方式讲解整个机器学习项目的流程，包括数据获取与理解、数据预处理、特征工程、模型构建与训练、模型评估与优化、结果解释等。

本项目为读者在实际工作中解决问题提供宝贵的经验，读者也将能更好地理解和掌握如何完成一个机器学习项目。

5.1.1 数据获取与理解

1. 获取数据

在机器学习项目中，首先需要获取数据。有多种途径可以获取数据，如公开的数据集、公司的数据库、在线 API、Web 抓取数据等。

在房价预测项目中，使用的数据集来自 Kaggle 的一个竞赛——房价预测，这是一个很好的数据集，因为该数据集涵盖各种类型的特征，如数值、分类、有序分类等，并且具有一定的复杂性。

数据集的目录结构如图 5-1 所示，包括若干数据文件。

data_description.txt	2019/12/15 21:33	文本文档	14 KB
sample_submission.csv	2019/12/15 21:33	XLS 工作表	32 KB
test.csv	2019/12/15 21:33	XLS 工作表	441 KB
train.csv	2019/12/15 21:33	XLS 工作表	450 KB

图 5-1

数据文件的含义如下。

- data_description.txt：每列的完整描述。
- sample_submission.csv：提交样例文件，用于展示提交结果的格式。
- test.csv：测试集。
- train.csv：训练集。

提示

Kaggle 是一个数据科学和机器学习竞赛平台，它使数据科学家、机器学习工程师和其他科学家可以在具有挑战性的问题上进行合作和竞争。Kaggle 不仅提供竞赛，还提供大量数据集供社区成员探索和利用，以建立自己的模型和算法。

在数据下载地址页面中，用户可以在单击"Data"选项卡后，单击"Download All"按钮，即可下载全部数据，包括训练集和测试集。

下载数据后，通常会使用 Pandas 加载和查看数据。例如，可以使用 pandas.read_csv()函数加载数据，使用 dataframe.head()查看前几行数据，使用 dataframe.info()查看数据信息，如查看特征的数据类型和非空值数量。

2．理解数据

理解数据是一项重要的任务。用户需要对每个特征的含义有所了解，对目标变量的分布、特征与目标之间的关系有所认识。用户可以使用 Pandas 提供的一些函数对数据进行初步探索，如 dataframe.describe()可给出数值特征的统计量（计数、均值、标准差、最小值、25%分位数、50%分位数、75%分位数、最大值），dataframe.corr()可计算特征之间的相关性。对于目标变量，可查看目标变量的分布，如是否存在偏态等。

假设 train.csv 为需要的数据集，测试代码如下：

```
1   import pandas as pd
2   import matplotlib.pyplot as plt
3   import seaborn as sns
4   import numpy as np
5
6   # 加载数据
7   # 注意路径，直接复制路径会报错，路径需要转义
8   data = pd.read_csv(r'D:\DeskFile\ 书籍 \ 机器学习入门实战 \Data\house-
prices-advanced-regression-techniques\train.csv')
9
10  # 查看前几行数据
11  print(data.head())
12
13  # 查看数据信息
14  print(data.info())
15
16  # 数据描述性统计
17  print(data.describe())
18
19  # 计算特征之间的相关性
20  # 测试数据中包含字符串，这里筛选数字类型的数据
21  numeric_data = data.select_dtypes(include=[np.number])
22  corr_matrix = numeric_data.corr()
23
24  print(corr_matrix)
25
26  # 目标变量分布查看
27  # SalePrice 是需要查看的数据
28  target_variable = 'SalePrice'
29  sns.histplot(data[target_variable])
```

```
30 plt.show()
31
```

提示

在 Python 环境中，默认不会安装 matplotlib 和 seaborn 库。可以通过下面的方式进行安装。

- 安装 matplotlib 库：pip install matplotlib。
- 安装 seaborn 库：pip install seaborn。

matplotlib 库是用于在 Python 中创建静态、动态、交互式可视化效果。seaborn 库是一个基于 matplotlib 的 Python 数据可视化库，提供更高级的接口，用于创建有吸引力的、信息丰富的统计图形。

下面使用 train.csv 数据集和各种函数进行操作。

（1）使用 data.head() 查看前几行数据，如图 5-2 所示。

```
D:\DeskFile\书籍\机器学习入门实战\Code\MyPythonCode\项目一房价预测>python 数据获取与理解.py
   Id  MSSubClass MSZoning  LotFrontage  LotArea Street Alley LotShape LandContour ... PoolQC l
0   1          60       RL         65.0     8450   Pave   NaN      Reg         Lvl ...    NaN
1   2          20       RL         80.0     9600   Pave   NaN      Reg         Lvl ...    NaN
2   3          60       RL         68.0    11250   Pave   NaN      IR1         Lvl ...    NaN
3   4          70       RL         60.0     9550   Pave   NaN      IR1         Lvl ...    NaN
4   5          60       RL         84.0    14260   Pave   NaN      IR1         Lvl ...    NaN

[5 rows x 81 columns]
<class 'pandas.core.frame.DataFrame'>
RangeIndex: 1460 entries, 0 to 1459
```

图 5-2

（2）使用 data.info() 查看数据信息，如图 5-3 所示。

```
Data columns (total 81 columns):
 #   Column        Non-Null Count   Dtype
 0   Id            1460 non-null    int64
 1   MSSubClass    1460 non-null    int64
 2   MSZoning      1460 non-null    object
 3   LotFrontage   1201 non-null    float64
 4   LotArea       1460 non-null    int64
 5   Street        1460 non-null    object
 6   Alley         91 non-null      object
 7   LotShape      1460 non-null    object
 8   LandContour   1460 non-null    object
 9   Utilities     1460 non-null    object
 10  LotConfig     1460 non-null    object
 11  LandSlope     1460 non-null    object
 12  Neighborhood  1460 non-null    object
 13  Condition1    1460 non-null    object
 14  Condition2    1460 non-null    object
 15  BldgType      1460 non-null    object
 16  HouseStyle    1460 non-null    object
 17  OverallQual   1460 non-null    int64
 18  OverallCond   1460 non-null    int64
 19  YearBuilt     1460 non-null    int64
 20  YearRemodAdd  1460 non-null    int64
 21  RoofStyle     1460 non-null    object
 22  RoofMatl      1460 non-null    object
```

图 5-3

（3）使用 data.describe() 计算特征之间的相关性输出，如图 5-4 所示。

	Id	MSSubClass	LotFrontage	LotArea	OverallQual	OverallCond	...	ScreenPorch	PoolArea	MiscVal	MoSold	YrSold	SalePrice
count	1460.000000	1460.000000	1201.000000	1460.000000	1460.000000	1460.000000	...	1460.000000	1460.000000	1460.000000	1460.000000	1460.000000	1460.000000
mean	730.500000	56.897260	70.049958	10516.828082	6.099315	5.575342	...	15.060959	2.758904	43.489041	6.321918	2007.815753	180921.195890
std	421.610009	42.300571	24.284752	9981.264932	1.382997	1.112799	...	55.757415	40.177307	496.123024	2.703626	1.328095	79442.502883
min	1.000000	20.000000	21.000000	1300.000000	1.000000	1.000000	...	0.000000	0.000000	0.000000	1.000000	2006.000000	34900.000000
25%	365.750000	20.000000	59.000000	7553.500000	5.000000	5.000000	...	0.000000	0.000000	0.000000	5.000000	2007.000000	129975.000000
50%	730.500000	50.000000	69.000000	9478.500000	6.000000	5.000000	...	0.000000	0.000000	0.000000	6.000000	2008.000000	163000.000000
75%	1095.250000	70.000000	80.000000	11601.500000	7.000000	6.000000	...	0.000000	0.000000	0.000000	8.000000	2009.000000	214000.000000
max	1460.000000	190.000000	313.000000	215245.000000	10.000000	9.000000	...	480.000000	738.000000	15500.000000	12.000000	2010.000000	755000.000000

图 5-4

（4）使用 numeric_data.corr() 查看目标变量的分布情况，如图 5-5 所示。

	Id	MSSubClass	LotFrontage	LotArea	OverallQual	OverallCond	YearBuilt	...	3SsnPorch	ScreenPorch	PoolArea	MiscVal	MoSold	YrSold	SalePrice
Id	1.000000	0.011156	-0.010601	-0.033226	-0.028365	0.012609	-0.012713	...	-0.046635	0.001330	0.057044	-0.006242	0.021172	0.000712	-0.021917
MSSubClass	0.011156	1.000000	-0.386347	-0.139781	0.032628	-0.059316	0.027850	...	-0.043825	-0.026030	0.008283	-0.007683	-0.013585	-0.021407	-0.084284
LotFrontage	-0.010601	-0.386347	1.000000	0.426095	0.251646	-0.059213	0.123349	...	0.070029	0.041383	0.206167	0.003368	0.011200	0.007450	0.351799
LotArea	-0.033226	-0.139781	0.426095	1.000000	0.105806	-0.005636	0.014228	...	0.020423	0.043160	0.077672	0.038068	0.001205	-0.014261	0.263843
OverallQual	-0.028365	0.032628	0.251646	0.105806	1.000000	-0.091932	0.572323	...	0.030371	0.064886	0.065166	-0.031406	0.070815	-0.027347	0.790982
OverallCond	0.012609	-0.059316	-0.059213	-0.005636	-0.091932	1.000000	-0.375983	...	0.025504	0.054811	-0.001985	0.068777	-0.003511	0.043950	-0.077856
YearBuilt	-0.012713	0.027850	0.123349	0.014228	0.572323	-0.375983	1.000000	...	0.031355	-0.050364	0.004950	-0.034383	0.012398	-0.013618	0.522897
YearRemodAdd	-0.021998	0.040581	0.088466	0.013788	0.550684	0.073741	0.592855	...	0.045286	-0.038740	0.005829	-0.010286	0.021490	0.035743	0.507101
MasVnrArea	-0.050298	0.022936	0.193458	0.104160	0.411876	-0.128101	0.315707	...	0.018796	0.061466	0.011723	-0.029815	-0.005965	-0.008201	0.477493
BsmtFinSF1	-0.005024	-0.069836	0.233633	0.214103	0.239666	-0.046231	0.249503	...	0.026451	0.062021	0.140491	-0.015727	0.014359	0.014369	0.386420
BsmtFinSF2	-0.005968	-0.065649	0.049000	0.111170	-0.059119	0.040229	-0.049107	...	-0.029993	0.088871	0.041709	0.004940	-0.015211	0.031706	-0.011378
BsmtUnfSF	-0.007940	-0.140759	0.132644	-0.002618	0.308159	-0.136841	0.149040	...	0.020764	-0.012579	0.035092	0.023837	0.034888	-0.041258	0.214479
TotalBsmtSF	-0.015415	-0.238518	0.392075	0.260833	0.537808	-0.171098	0.391452	...	0.037384	0.084489	0.126053	-0.018479	0.013196	-0.014969	0.613581
1stFlrSF	0.010496	-0.251758	0.457181	0.299475	0.476224	-0.144203	0.281986	...	0.056104	0.088758	0.131525	-0.021096	0.031372	-0.013604	0.605852
2ndFlrSF	0.005590	0.307886	0.080177	0.050986	0.295493	0.028942	0.010308	...	-0.024358	0.040606	0.081487	0.016797	0.035164	-0.028700	0.319334
LowQualFinSF	-0.044230	0.046474	0.038469	0.004779	-0.030429	0.025494	-0.183784	...	-0.004296	0.026799	0.062157	-0.003793	-0.022174	-0.028921	-0.025606
GrLivArea	0.008273	0.074853	0.402797	0.263116	0.593007	-0.079686	0.199010	...	0.020643	0.101510	0.170205	-0.002416	0.050240	-0.036526	0.708624
BsmtFullBath	0.002289	0.003491	0.100949	0.158155	0.111098	-0.054942	0.187599	...	-0.000106	0.023148	0.067616	0.023047	-0.025361	0.067049	0.227122
BsmtHalfBath	-0.020165	-0.002333	-0.007234	0.048046	-0.040150	0.117821	-0.038162	...	0.035114	0.032121	0.020025	-0.007367	0.032873	-0.046524	-0.016844
FullBath	0.005587	0.131608	0.198769	0.126031	0.550600	-0.194149	0.468271	...	0.035353	-0.008106	0.049604	-0.014203	0.055872	-0.019669	0.560664
HalfBath	0.006784	0.177354	0.053532	0.014259	0.273458	-0.060769	0.242656	...	-0.004972	0.072426	0.022381	0.001290	-0.009050	-0.010269	0.284108
BedroomAbvGr	0.037719	-0.023438	0.263170	0.119690	0.101676	0.012980	-0.070651	...	-0.024478	0.044300	0.073378	0.046544	-0.036014	-0.009234	0.168213
KitchenAbvGr	0.002951	0.281721	-0.006069	-0.017784	-0.183882	-0.087001	-0.174800	...	-0.024600	-0.051613	-0.014525	0.062341	0.026689	0.031687	-0.135907
TotRmsAbvGrd	0.027239	0.040380	0.352096	0.190015	0.427452	-0.057583	0.095589	...	-0.006683	0.059383	0.083787	0.024763	0.036907	-0.034516	0.533723
Fireplaces	0.019772	-0.045569	0.266639	0.271364	0.396765	-0.023820	0.147716	...	0.011257	0.184530	0.095074	0.001409	0.046537	-0.024096	0.466929
GarageYrBlt	0.000072	0.085072	0.070250	-0.024947	0.547766	-0.324297	0.825667	...	0.023544	-0.075418	-0.014501	-0.032417	0.005337	-0.001014	0.486362
GarageCars	0.016570	-0.040110	0.285691	0.154871	0.600671	-0.185758	0.537850	...	0.035765	0.050494	0.020934	-0.043080	0.040522	-0.039117	0.640409
GarageArea	0.017634	-0.098672	0.344997	0.180403	0.562022	-0.151521	0.478954	...	0.035087	0.051412	0.061047	-0.027400	0.027974	-0.027378	0.623431
WoodDeckSF	-0.029643	-0.012579	0.088521	0.171698	0.238923	-0.003334	0.224880	...	-0.032771	-0.074181	0.073378	-0.009551	0.021011	0.022370	0.324413
OpenPorchSF	-0.000417	-0.006100	0.151972	0.084774	0.308819	-0.032589	0.188686	...	-0.005842	0.074304	0.060762	0.018584	0.071255	-0.057619	0.315856
EnclosedPorch	0.002889	-0.012037	0.010700	-0.018340	-0.113937	0.070356	-0.387268	...	-0.037305	-0.082864	0.054203	0.018361	-0.028887	-0.009916	-0.128578
3SsnPorch	-0.046635	-0.043825	0.070029	0.020423	0.030371	0.025504	0.031355	...	1.000000	-0.031436	-0.007992	0.000354	0.029474	0.018645	0.044584
ScreenPorch	0.001330	-0.026030	0.041383	0.043160	0.064886	0.054811	-0.050364	...	-0.031436	1.000000	0.051307	0.031946	0.023217	0.010694	0.111447
PoolArea	0.057044	0.008283	0.206167	0.077672	0.065166	-0.001985	0.004950	...	-0.007992	0.051307	1.000000	0.029669	-0.033737	-0.059989	0.092404
MiscVal	-0.006242	-0.007683	0.003368	0.038068	-0.031406	0.068777	-0.034383	...	0.000354	0.031946	0.029669	1.000000	-0.006495	0.004906	-0.021190
MoSold	0.021172	-0.013585	0.011200	0.001205	0.070815	-0.003511	0.012398	...	0.029474	0.023217	-0.033737	-0.006495	1.000000	-0.145721	0.046432
59689	0.004906	-0.145721	1.000000	-0.028923	0.000712	-0.021407	0.007450	-0.014261	-0.027347	0.043950	-0.013618		0.018645	0.010694	-0.0
92404	-0.021190	0.046432	-0.028923	1.000000	-0.021917	-0.084284	0.351799	0.263843	0.790982	-0.077856	0.522897	...	0.044584	0.111447	0.0

图 5-5

（5）使用 sns.histplot() 查看可视化展示页面，如图 5-6 所示。图中的横坐标是房屋售卖价格，纵坐标是对应的销售数量。

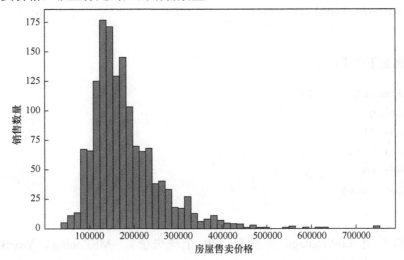

图 5-6

通过上述步骤对数据有了全面的了解，为后续的数据预处理和特征工程打下基础。

5.1.2　数据预处理

在机器学习项目中，数据预处理是至关重要的一步，本项目也不例外。在数据预处理阶段，应对数据进行清洗和转换，以便更好地应用机器学习模型。

1. 缺失值处理

缺失值的处理方法有很多，选择哪一种方法取决于特征的性质和数据的缺失情况。例如，可以删除包含缺失值的行或列，但这可能会导致信息的丢失。对于数值特征，可以使用中位数或平均值填充缺失值。对于分类特征，可以使用众数进行填充。在某些情况下，可以使用模型（如 k-近邻、随机森林）预测缺失值。

下面选择部分特征，如 LotFrontage、MSZoning、YearBuilt、OverallCond，展示如何处理缺失值。

首先，导入数据，并打印出各列的缺失值数量：

```
1  import pandas as pd
2
3  data = pd.read_csv(r'D:\DeskFile\书籍\机器学习入门实战\Data\house-
prices-advanced-regression-techniques\train.csv')
4
5  # 打印出各列的缺失值数量
6  print(data.isnull().sum())
7
```

得到如下结果：

```
1  LotFrontage    120
2  MSZoning         0
3  YearBuilt        0
4  OverallCond      0
5  SalePrice        0
6  dtype: int64
7
```

可以看到 LotFrontage 特征有 120 个缺失值， MSZoning、YearBuilt 和 OverallCond 等特征都没有缺失值。

接下来，对 LotFrontage 使用中位数进行填充：

```
1   data['LotFrontage'].fillna(data['LotFrontage'].median(),inplace=True)
2
```

上面这行代码使用 LotFrontage 列的中位数填充缺失值，inplace=True 说明希望直接在原数据集上进行修改。

这样，就已经完成缺失值处理了。在实际项目中，需要对每个特征进行类似的处理。需要注意，分类特征可能需要使用众数或某种策略填充缺失值。例如，MSZoning 特征代表一般分区分类，如果这个特征有缺失值，则可能需要考虑使用众数进行填充：

```
1   data['MSZoning'].fillna(data['MSZoning'].mode()[0],inplace=True)
2
```

在上面的示例中，虽然 MSZoning 没有缺失值，但是这段代码提供一个处理分类特征缺失值的方法。在实际处理数据集的特征时，应根据数据集的具体情况采用不同的处理方法。

2. 类型转换

处理完缺失值后，需要确保每个特征的数据类型都是正确的。有些数值可能被误认为是字符串，需要将其转换为数值。对于分类特征，需要将分类特征转换为能被机器学习模型理解的形式，如使用 one-hot 编码，有时候也会用到标签编码（Label Encoding），具体使用哪种形式取决于所用的模型和特征的具体情况。下面介绍一个简单的例子：

```
1   import pandas as pd
2   from sklearn.preprocessing import LabelEncoder,OneHotEncoder
3
4   # 假设我们已经加载训练数据到 DataFrame train
5   # train = pd.read_csv(r'D:\DeskFile\书籍\机器学习入门实战\Data\house-
prices-advanced-regression-techniques\train.csv')
6
7   # 使用标签编码
8   le = LabelEncoder()
9   for col in train.columns:
10      if train[col].dtype == 'object':
11          train[col] = le.fit_transform(train[col])
```

```
12
13  # 使用 one-hot 编码
14  ohe = OneHotEncoder()
15  train = ohe.fit_transform(train)
16
17  # 查看数据
18  print(train.shape)
19
```

在上述代码中，首先，对所有的分类特征使用标签编码，将每个唯一的类别值转换为唯一的整数。然后，使用 one-hot 编码创建一个"虚拟"二进制变量（0或1），对每个类别的可能值进行编码。

如果部分数值数据被误认为是字符串，则需要将其转换为数值：

```
1  # 假设 SalePrice 列的数据是数值，但被误认为是字符串
2  saleprice = train['SalePrice']
3  # 添加 SalePrice 列的数据
4  # 注意，因为将稀疏矩阵转换为 DataFrame，所以这里使用 join() 方法，而不是使用索引
5  train = pd.DataFrame(train.toarray()).join(saleprice)
```

上述代码尝试将 SalePrice 列中的每个值转换为一个适当的数值类型（整数或浮点数）。如果某个值包含除数字以外的字符，则该值不能被转换，这个值将被设为 NaN。

上面介绍了常见的数据类型转换操作，但是在实际情况中，用户可能需要根据数据的实际情况和模型的需求进行更为复杂的操作。

3. 异常值处理

异常值处理是机器学习中的一个重要步骤。异常值可能会对模型学习造成不良影响，从而影响模型的性能。以下是一些检测和处理异常值的常用方法。

（1）检测异常值

- Z-分数：计算度量值与平均数之间的差距。Z-分数大于 3 或小于 −3 的数据点通常被认为是异常值。
- IQR 方法：IQR（四分位数范围）是上四分位数（Q3）和下四分位数（Q1）之间的差值。任何小于 Q1-1.5IQR 或大于 Q3+1.5IQR 的值都可能是异常值。

（2）处理异常值

- 删除：如果数据集较大，且异常值的数量相对较少，则可考虑直接删除异常值。
- 填充：使用中位数、均值、众数或特定的值替换异常值。
- 修剪：将异常值设定为上限或下限值。例如，所有大于 95 分位数的值都被设为 95 分位数。
- 转换：对数据进行转换（如对数转换），减小异常值和正常值之间的差距。

下面是处理 WoodDeckSF 列异常值的例子：

```
1   import pandas as pd
2   import numpy as np
3   from scipy.stats import zscore
4
5   # 加载数据到 DataFrame df
6   df = pd.read_csv(r'D:\DeskFile\ 书籍 \ 机器学习入门实战 \Data\house-
prices-advanced-regression-techniques\train.csv')
7
8   # 使用 Z-分数识别并删除异常值
9   z_scores = zscore(df['WoodDeckSF'])
10  abs_z_scores = np.abs(z_scores)
11  filtered_entries = (abs_z_scores < 3)
12  df = df[filtered_entries]
13
14  # 使用 IQR 方法识别并删除异常值
15  Q1 = df['WoodDeckSF'].quantile(0.25)
16  Q3 = df['WoodDeckSF'].quantile(0.75)
17  IQR = Q3 - Q1
18  filtered_entries = ((df['WoodDeckSF'] >= Q1 - 1.5 * IQR) &
(df['WoodDeckSF'] <= Q3 + 1.5 * IQR))
19  df = df[filtered_entries]
20
21  print(df.head())
```

在实际应用中，需要根据实际情况和目标决定如何处理异常值。某些项目中的异常值可能是最重要的观察结果，这需要取决于研究目标。

完成以上步骤后，数据已经被清洗和格式化，可以进一步进行特征工程和模型构建。

5.1.3　特征工程

特征工程是机器学习中非常关键的一步，可以显著提高模型的性能。特征工程主要包括特征选择、特征提取、特征转换、特征编码等步骤。

1．特征选择

特征选择是特征工程的重要组成部分，用于在数据集中选择与预测目标最相关的特征。特征选择可以帮助用户删除无关或贡献较小的特征，降低模型复杂度，减少过拟合的风险，并提高模型的准确性和运行效率。

特征选择的主要方法有以下三种。

（1）过滤方法（Filter Methods）：基于特征的统计特性进行筛选，其主要思想是通过数据本身的分布、特征与特征之间的关系、特征与目标变量之间的关系进行评价。例如，使用卡方检验、互信息和相关系数等方法筛选特征。

（2）包装方法（Wrapper Methods）：通过训练模型选择特征。通过不断训练模型，基于模型的性能进行特征选择。递归消除特征法（Recursive Feature Elimination，RFE）就是一种常用的包装方法。

（3）嵌入方法（Embedded Methods）：将特征选择过程与模型训练过程结合起来，在模型训练过程中自动进行特征选择。例如，使用 Lasso 回归或决策树等模型自动进行特征选择。

在进行特征选择时，需要考虑数据的实际情况，如特征的数量、类型、分布等。同时，需要考虑模型的需求，如逻辑回归、SVM 可能需要特征归一化，决策树、随机森林对特征的尺度不敏感，神经网络可能需要更复杂的特征预处理。

特征选择的最终目标是提高模型的预测性能。因此，特征选择的结果通常需要通过交叉验证等方法进行评估。

2．特征提取

特征提取是特征工程的一个重要组成部分，其目标是从原始数据集中生成具有预测能力的新特征。这些新特征可能是原始特征的组合、转换或聚合，也可能是从原始特征中提取的新信息。特征提取可以提高模型的预测能力，并可以帮助我们理解数据和预测问题。

下面介绍一些常见的特征提取方法。

（1）多项式特征学习：原始特征的高阶项和交互项。例如，如果原始特征是

x_1 和 x_2，则二阶多项式特征就是 x_1、x_2、x_1^2、x_2^2、$x_1 x_2$。多项式特征可以使模型学习特征之间的交互关系和非线性关系，但是会增加特征的数量。

（2）分箱（Binning）：将连续特征离散化。例如，用户可以将年龄特征分为 18～25、26～35、36～45 等区间。分箱可以减少异常值和噪声的影响，也可以使模型学习非线性关系。

（3）特征聚合：一种创造新特征的方法，将多个特征组合在一起生成新的特征。例如，可以将日期和时间的特征结合起来，创建表示"一天中的某个时间""一周中的某一天"等新特征。

（4）从文本中提取特征：对于文本数据，可以使用词袋模型（Bag of Words）、TF-IDF 等方法提取特征。

（5）从图像中提取特征：对于图像数据，可以使用颜色直方图、纹理、形状等视觉特征，也可以使用深度学习模型提取特征。

在进行特征提取时，增加的特征数量可能会导致模型过拟合，所以在添加新特征之后，可能需要使用特征选择等方法减少特征数量。同时，需要使用交叉验证等方法评估新特征对模型性能的影响。

3．特征转换

特征转换是对原始数据进行某种数学变换的过程，以帮助改善模型的学习效果。下面介绍一些常见的特征转换方法。

（1）标准化（Standardization）：将特征转换为均值为 0、标准差为 1 的标准正态分布。标准化的目标是消除特征之间的量级差异，使机器学习模型在同一个尺度上。这对许多机器学习模型（如支持向量机、K-近邻）来说是非常重要的。

（2）归一化（Normalization）：将特征的数值范围缩放到一定区间内，通常是 [0,1]。与标准化不同，归一化不会改变数据的分布形状。

（3）对数转换（Log Transform）：对于呈指数分布或长尾分布的特征，可以使用对数转换，使特征更接近正态分布。这有助于减少异常值的影响，并使模型的性能更稳定。

（4）Box-Cox 变换和 Yeo-Johnson 变换：这两种变换是对数转换的泛化，可以对正值和非正值进行变换。这两种变换的目标是寻找一个最优的变换参数，使变换后的数据最接近正态分布。

（5）指数变换和平方根变换：常用于处理偏态分布的数据。

提示

在统计学中，偏态分布是一种分布形状偏离正态分布的情况，其中一边的尾部比另一边更长或更分散。

在进行特征转换时，应在数据划分为训练集和测试集之后，再进行特征转换，并且要确保训练集和测试集使用相同的转换参数。

4. 特征编码

特征编码是将分类数据转换为机器学习算法的过程。常见的特征编码方法有独热编码、标签编码、序列编码（Ordinal Encoding）等。具体使用哪一种方法取决于数据的性质和模型训练的算法。

独热编码是最常用的编码方式，它将每个类别都转换为一个新的二进制特征（0 或 1），这样做的好处是可以直接处理非数值数据，并且不会引入任何数值偏差。

标签编码是一种简单的编码方式，它将每个类别都映射为一个整数。这种方式非常适合处理有序的分类数据，但对于无序的分类数据，可能会引入不应存在的数值关系。

序列编码和标签编码类似，也是将每个类别映射为一个整数，但序列编码是为有序的分类数据准备的，可以保留类别间的顺序关系。

在使用这些编码方式时，一定要注意在训练集上进行编码转换后，在测试集上也进行相同的转换，以保证数据的一致性。

下面基于测试数据进行特征工程：

```
1   import pandas as pd
2   import numpy as np
3   from sklearn.preprocessing import StandardScaler,OneHotEncoder
4   from sklearn.compose import ColumnTransformer
5   from sklearn.pipeline import Pipeline
6
7   # 加载数据到 DataFrame df
8   df = pd.read_csv(r'D:\DeskFile\书籍\机器学习入门实战\Data\house-
prices-advanced-regression-techniques\train.csv')
9
10  # 特征选择：需要基于对数据的理解进行数据分析，LotArea 和 MoSold 是重要的特征
11  df = df[['LotArea','MoSold','SalePrice']]
```

```
12
13 # 特征提取：创建新的特征，表示 LotArea 和 MoSold 的交互
14 df['new_feature'] = df['LotArea'] * df['MoSold']
15
16 # 特征转换：将 LotArea 进行标准化
17 scaler = StandardScaler()
18 df['LotArea'] = scaler.fit_transform(df[['LotArea']])
19
20 # 特征编码：对 MoSold 进行独热编码
21 encoder = OneHotEncoder()
22 encoded_features = encoder.fit_transform(df[['MoSold']]).toarray()
23 encoded_df = pd.DataFrame(encoded_features,columns=encoder.get_
feature_names_out(['MoSold']))
24 df = pd.concat([df,encoded_df],axis=1)
25 df = df.drop('MoSold',axis=1)
26
```

上述代码只是特征工程的一个简单示例，在实际实战中可能需要更复杂的策略。

5.1.4　模型构建与训练

在处理数据后，就可以开始构建与训练模型了。本阶段需要选择一个或多个机器学习模型，并用处理后的数据训练这些模型。

（1）模型选择：首先需要选择一个或多个机器学习模型解决问题。模型的选择取决于用户的任务类型（分类、回归、聚类等）、数据类型（数值型、类别型、文本型等）、模型的性能（准确度、速度、解释性等）。常见的模型包括线性回归、逻辑回归、决策树、随机森林、支持向量机、神经网络等。

（2）模型训练：有了模型后，就可以用训练数据训练此模型。模型训练的目标是找到一组模型参数，这组参数可以使模型在训练数据上的预测尽可能接近实际值。这个过程通常通过优化损失函数完成，损失函数度量模型预测与实际值之间的误差。

提示

　　在机器学习中，模型参数是模型在学习过程中需要学习的变量，这些参数使模型能适应数据并进行准确预测。每种机器学习模型都有特定的参数。下面

举例进行说明。

（1）在线性回归模型中，参数是线性方程的斜率和截距。在二维空间中，可将参数的关系表示为

$$y = mx + b \qquad (5.1)$$

式中，m为斜率；b为截距。

（2）在逻辑回归模型中，参数也是线性方程的斜率和截距，这个线性方程被映射到一个逻辑函数中，用于进行概率预测。

（3）在决策树模型中，参数是树中每个节点的分裂条件。

（4）在神经网络中，参数是网络中每个神经元的权重和偏置。

下面使用线性回归模型进行训练。首先，需要导入想要的模型。这里使用线性回归模型：

```
1  from sklearn.linear_model import LinearRegression
2
```

然后，将数据分为特征和标签：

```
1  X = df.drop('SalePrice',axis=1)  # 特征
2  y = df['SalePrice']  # 标签
3
```

接下来，可以实例化模型，并用测试数据训练模型：

```
1  model = LinearRegression()
2  model.fit(X,y)
3
```

这里，model.fit(X,y)使用 X 作为特征、y 作为标签训练模型。

一般来说，用户会将数据集分为训练集和验证集，以便评估模型的泛化能力，可以使用 train_test_split()函数划分数据集：

```
1  from sklearn.model_selection import train_test_split
2
3  X_train,X_val,y_train,y_val = train_test_split(X,y,test_size=0.2,
random_state=42)
4  model = LinearRegression()
5  model.fit(X_train,y_train)
6
```

提示

这里使用谷歌的测试数据，数据已经划分为按照训练集和测试集，此处省略数据划分这一步骤，但是实际开发中是需要进行数据划分的。

此时，使用 20%的数据作为验证集。在训练模型后，可以用验证集的数据评估模型性能。例如，可以计算模型在验证集上的预测误差：

```
1  from sklearn.metrics import mean_squared_error
2
3  y_val_pred = model.predict(X_val)
4  mse = mean_squared_error(y_val,y_val_pred)
5  print('Validation MSE:',mse)
6
```

实际上，可能需要尝试多个不同的模型，并调整它们的参数，以获得最好的性能。此外，还可以使用交叉验证等更复杂的策略评估模型的性能。

5.1.5　模型评估与优化

模型评估和优化是机器学习流程的重要部分，目标是评估模型的表现并找出改进模型的办法，包括模型评估、交叉验证、模型优化等步骤。

（1）模型评估

在训练模型后，需要评估模型的性能，这通常通过计算一些度量标准完成，如计算精确度、召回率、F1 得分、均方误差、均方根误差（RMSE）等。用户需要用这些度量标准比较不同模型的性能或比较同一个模型在不同参数下的性能。

（2）交叉验证

除了简单地将数据分为训练集和验证集，还可以使用交叉验证准确地评估模型的性能。交叉验证首先将数据分为多个部分，然后对每部分进行训练和验证，最后取所有结果的平均值。

（3）模型优化

如果模型的性能不佳，则可通过改变模型参数或使用更复杂的模型进行优化。这通常涉及网格搜索（grid search）或随机搜索（random search）。模型优化用于在参数空间中寻找最佳的参数组合。

下面使用线性回归（Linear Regression）模型，改变模型参数优化模型的方式。

首先，需要定义用户想要尝试的参数网格。对于线性回归模型，可以尝试改变 fit_intercept、copy_X、positive、n_jobs。

- fit_intercept 决定是否计算截距，即是否将线性模型的公式中的常数项计算在内。在某些情况下，数据可能已经居中，这时可以将参数设为 False，否则，应将参数设为 True。

- copy_X 决定是否复制输入的数据 X。如果用户不想使原始数据被覆写，则应将参数设为 True。

- positive 决定回归系数是否被强制为正。这个参数对于某些特殊的业务场景会很有用。例如，当特征的增加一定会导致结果的增加，想使系数保持为正时，即可使用该参数。

- n_jobs 可以调整优化模型的速度，特别是在有大量特征或数据量大的情况时，可以尝试使用并行计算提高效率。如果将参数设为 None 或 1，则使用单核处理器进行运算；如果将参数设为-1，则使用所有可用的处理器进行运算。

然后，使用 GridSearchCV 在给定的参数网格上进行搜索。GridSearchCV 会尝试所有可能的参数组合，并通过交叉验证选择最佳组合。

下面是代码示例：

```
1   from sklearn.model_selection import GridSearchCV
2   from sklearn.linear_model import LinearRegression
3   from sklearn.model_selection import train_test_split
4   import pandas as pd
5
6   # 导入数据
7   # 使用 read_csv()函数
8   df = pd.read_csv(r'D:\DeskFile\ 书籍 \ 机器学习入门实战 \Data\house-
prices-advanced-regression-techniques\train.csv')
9
10  # 这里仅使用 OverallQual、GrLivArea、TotalBsmtSF、GarageCars 作为特征,
将 SalePrice 作为目标
11
12  X = df[['OverallQual','GrLivArea','TotalBsmtSF','GarageCars']]
13  y = df['SalePrice']
```

```
14
15  # 预处理和分割
16  X_train,X_test,y_train,y_test = train_test_split(X,y,test_size=0.2,
random_state=42)
17
18  # 定义参数网格
19  param_grid = {'fit_intercept': [True,False],'copy_X': [True,False],
'positive': [True,False]}
20
21  # 初始化模型
22  model = LinearRegression()
23
24  # 初始化网格搜索
25  grid_search = GridSearchCV(model,param_grid,cv=5,scoring='neg_mean_
squared_error')
26
27  # 在训练数据上拟合网格搜索
28  grid_search.fit(X_train,y_train)
29
30  # 输出最佳参数
31  print('Best parameters found by grid search:',grid_search.best_
params_)
32
33  # 使用最佳参数重新训练模型
34  best_model = grid_search.best_estimator_
35
36  # 评估模型
37  train_score = best_model.score(X_train,y_train)
38  test_score = best_model.score(X_test,y_test)
39  print(f'Train score: {train_score}')
40  print(f'Test score: {test_score}')
41
```

模型评估与优化结果如图 5-7 所示。

```
D:\DeskFile\书籍\机器学习入门实战\Code\MyPythonCode\项目一房价预测>python 数据预处理-模型评估与优化.py
Best parameters found by grid search: {'copy_X': True, 'fit_intercept': True, 'positive': True}
Train score: 0.7494947656856552
Test score: 0.791023904831848

D:\DeskFile\书籍\机器学习入门实战\Code\MyPythonCode\项目一房价预测>p
```

图 5-7

在进行模型评估与优化时，应始终关注模型是否过拟合或欠拟合。过拟合表现为在训练集上表现很好，但在测试集上表现很差；欠拟合在训练集和测试集上的表现都不好。对于过拟合，可以尝试使用更简单的模型或添加正则化。对于欠拟合，可以尝试使用更复杂的模型或添加更多特征。

提示

在机器学习中，正则化是一种对模型复杂性进行约束或惩罚的技术，以防止模型过拟合。正则化通过在模型的目标函数（通常是损失函数）中添加一个正则化项（也称为惩罚项）实现。这个正则化项通常是模型参数的函数，如参数的L1范数（参数的绝对值之和）或L2范数（参数平方和的平方根）。

在实践中，使用哪种类型的正则化以及如何选择正则化参数是需要通过交叉验证等方法确定的。

5.1.6 结果解释

在建立机器学习模型后，结果解释是一个非常重要的步骤。下面介绍一些常用的结果解释方法。

1. 特征重要性（Feature Importance）

特征重要性可以量化每个特征对模型预测的贡献大小，常常在树形模型（随机森林、梯度提升等）中使用。线性回归模型并没有内置的特征重要性，可以使用模型的系数间接测量特征的重要性。

在线性回归模型中，每个特征都有一个对应的系数，这个系数描述当该特征变化一个单位时，预测结果的平均变化程度。因此，如果特征都在同一尺度上，即都进行了归一化处理，则可把线性回归模型的系数看作是特征重要性。系数的绝对值越大，对应的特征越重要。

下面是具体的测试示例，展示如何在线性回归模型中提取和展示特征重要性：

```
1   import matplotlib.pyplot as plt
2   from sklearn.model_selection import GridSearchCV
3   from sklearn.linear_model import LinearRegression
4   from sklearn.model_selection import train_test_split
5   import pandas as pd
6   import numpy as np
7
```

```
8   # 导入数据
9   # 使用 read_csv() 函数
10  df = pd.read_csv(r'D:\DeskFile\ 书籍 \ 机 器 学 习 入 门 实 战 \Data\house-
prices-advanced-regression-techniques\train.csv')
11
12  # 这里仅使用 OverallQual、GrLivArea、TotalBsmtSF、GarageCars 作为特征,
SalePrice 作为目标
13
14  X = df[['OverallQual','GrLivArea','TotalBsmtSF','GarageCars']]
15  y = df['SalePrice']
16
17  # 预处理和分割
18  X_train,X_test,y_train,y_test = train_test_split(X,y,test_size=0.2,
random_state=42)
19
20  # 定义参数网格
21  param_grid = {'fit_intercept': [True,False],'copy_X': [True,False],
'positive': [True,False]}
22
23  # 初始化模型
24  model = LinearRegression()
25
26  # 训练模型
27  model.fit(X_train,y_train)
28
29  # 特征重要性
30  coefficients = model .coef_
31  importances = np.abs(coefficients)  # 取绝对值,因为正数或负数对于特征的
重要性没有影响
32  indices = np.argsort(importances)[::-1]
33
34  plt.figure(figsize=(12, 6))
35  plt.title("Feature importances")
36  plt.bar(range(X.shape[1]),importances[indices],
37      color="r",align="center")
38  plt.xticks(range(X.shape[1]),indices)
39  plt.xlim([-1,X.shape[1]])
40  plt.show()
41
```

在这个示例中,先从模型中获取特征重要性,然后根据特征重要性进行排

序，最后绘制条形图，表示每个特征的重要性。

上述代码的结果如图 5-8 所示。

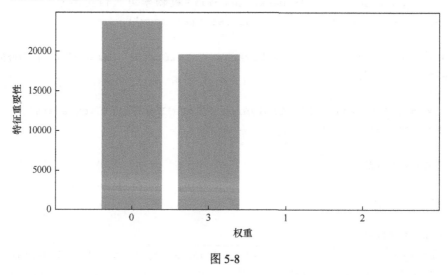

图 5-8

2．部分依赖图（Partial Dependence Plots）

部分依赖图可以展示一个变量对预测结果的影响，同时控制其他变量的影响，这对于理解变量与结果之间的关系非常有用。

3．SHAP

SHAP 是一种用于解释预测模型的工具，常用于解释复杂的机器学习模型。这种方法基于博弈论中的 Shapley 值，可以提供每个特征对预测结果贡献的精确度量。

SHAP 值的计算方式为：将一个特征的 SHAP 值看作该特征存在和不存在时的模型预测值差值。在计算时，需要考虑所有特征存在和不存在的情况，并对所有可能的情况进行平均计算。因此，SHAP 值可以为每个特征公平分配模型预测的影响。

上面这些方法可以帮助用户理解模型如何利用各种特征进行预测。注意，某些模型（如深度学习模型）可能难以解释，可能需要使用特殊的工具和技术。

5.2　项目二：图像识别

在图像识别项目中，将应用机器学习的各种概念构建一个图像识别系统，主要使用卷积神经网络的深度学习模型处理图像数据。

图像识别是计算机视觉领域的一个主要任务，能使机器"看到并理解"图像中的内容，应用非常广泛，常应用于自动驾驶汽车、医疗图像分析、人脸识别等多个领域。

5.2.1　数据获取与理解

在开始任何机器学习项目之前，首先需要获取与理解数据。对于图像识别项目，数据通常以图像的形式存在。这些图像可以是彩色的，通常有三个颜色通道：红色、绿色和蓝色；图像也可以是灰度的，只有一个通道。

一种常用的图像数据集是 MNIST 数据集，它包含 70000 个手写数字的灰度图像，每个图像的大小为 28×28 像素。在本项目中，将使用更复杂的数据集，即 CIFAR-10 数据集。这个数据集包含 60000 个 32×32 像素的彩色图像，分为 10 个类别，每个类别有 6000 个图像。

提示

　CIFAR-10 是一个广泛应用于机器学习和计算机视觉研究的图像分类数据集，由加拿大高等研究院收集，并被用作评估学习算法性能的标准。

下载并加载 CIFAR-10 数据集的步骤如下。

步骤 1 ▶▶ 下载 CIFAR-10 数据集，下载后的文件是一个 tar.gz 格式的文件。解压文件后，会得到一个包含多个文件的文件夹，其中包括 test_batch、data_batch_1、data_batch_2 等文件。这些文件都是 pickle 格式的，可以用 Python 的 pickle 模块加载。

步骤 2 ▶▶ 解压缩数据集。使用任何能处理 tar.gz 格式的工具解压文件。在 Windows 环境中，可以使用 7-Zip 或 WinRAR 软件进行解压。

步骤 3 ▶▶ 安装 Python 库，用于加载和查看数据。可以使用 pip 安装这些库，需要的库包括 NumPy、Matplotlib、TensorFlow。安装命令如下：

```
1  pip install numpy matplotlib tensorflow
2
```

步骤 4 ▶▶ 加载数据集。笔者将数据集下载并解压到"D:/DeskFile/书籍/机器学习入门实战/Data/cifar-10-python/cifar-10-batches-py/"目录下。下面是加载数据的方法：

```
1   import pickle
2   import numpy as np
3
4   # 加载数据集
5
6   # 该函数加载 CIFAR-10 数据集中的一个批次
7   def load_cifar10_batch(cifar10_dataset_folder_path,batch_id):
8       # 以二进制方式打开文件
9       with  open(cifar10_dataset_folder_path  +  '\\data_batch_'  +
    str(batch_id),mode='rb') as file:
10          # 使用 pickle 加载文件中的数据
11          batch = pickle.load(file,encoding='latin1')
12
13      # 调整数据的形状和顺序，方便后续进行图像处理
14      features = batch['data'].reshape((len(batch['data']),3,32,32)).
    transpose(0,2,3,1)
15      # 获取此批次数据的标签
16      labels = batch['labels']
17
18      # 返回特征和标签
19      return features,labels
20
21  # CIFAR-10 数据集在本地的路径，需要根据自己的路径进行修改
22  cifar10_path = "D:\\DeskFile\\书籍\\机器学习入门实战\\Data\\cifar-10-
    python\\cifar-10-batches-py"
23  X_train,y_train = [],[]
24
25  # 遍历所有的数据批次，并添加到训练数据中
26  for batch_id in range(1,6):
27      features,labels = load_cifar10_batch(cifar10_path,batch_id)
28      X_train.append(features)
29      y_train.append(labels)
30
31  # 将列表转换为 NumPy 数组
32  X_train = np.concatenate(X_train)
33  y_train = np.concatenate(y_train)
34
35  # 加载测试数据
36  with open(cifar10_path + '\\test_batch',mode='rb') as file:
37      batch = pickle.load(file,encoding='latin1')
38
```

```
39 # 调整数据的形状和顺序，方便后续进行图像处理
40 X_test    =    batch['data'].reshape((len(batch['data']),3,32,32)).
transpose(0,2,3,1)
41 # 获取测试数据的标签
42 y_test = np.array(batch['labels'])
43
```

步骤 5 ▶▶ 查看加载的数据。可以使用 Matplotlib 显示图像，使用 NumPy 查看图像的尺寸和通道信息。代码如下：

```
1   import matplotlib.pyplot as plt
2   import numpy as np
3
4   # 打印训练数据的形状
5   print('训练数据的形状:',X_train.shape)
6   # 打印测试数据的形状
7   print('测试数据的形状:',X_test.shape)
8
9   # 画出训练集中的第一张图像
10  plt.imshow(X_train[0])
11  plt.show()
12
13  # 打印图像对应的标签
14  print('标签:',y_train[0])
15
```

上述代码显示训练集中的第一张图像，并打印出其对应的类别标签。第一张图像的显示结果如图 5-9 所示。

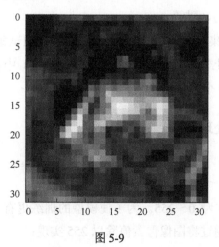

图 5-9

输出的类别标签如图 5-10 所示。

```
D:\DeskFile\书籍\机器学习入门实战\Code\MyPythonCode\项目二图像识别>python 加载数据集.py
训练数据的形状：(50000, 32, 32, 3)
测试数据的形状：(10000, 32, 32, 3)
标签：6

D:\DeskFile\书籍\机器学习入门实战\Code\MyPythonCode\项目二图像识别>
```

图 5-10

提示

在 CIFAR-10 数据集中，每个图像的尺寸为 32×32 像素，32×32 像素的图像相对较小，只能包含有限的视觉信息，可能没有足够的分辨率显示清晰的图像，尽管可以看到图像中的一些颜色和形状，但难以辨认出图像实际代表的对象。例如，一辆车在 32×32 像素的图像中可能只是一个模糊的色块。

在获取数据后需要理解数据。对于图像数据，需要理解以下概念。

- 图像尺寸：图像的宽度和高度，以像素为单位。例如，一个 32×32 像素的图像宽度和高度均为 32 像素。

- 颜色通道：彩色图像通常包括红色、绿色和蓝色三个颜色通道。每个通道都有一个值，范围为 0～255，该值表示某个颜色的亮度。灰度图像只有一个通道。

- 类别：用户试图预测的目标。在 CIFAR-10 数据集中，有 10 个类别，包括飞机、汽车、鸟、猫等。

- 训练集和测试集：数据通常被分为训练集和测试集。在训练集上训练模型，在测试集上评估模型的性能。在 CIFAR-10 中，50000 个图像用于训练模型，10000 个图像用于测试模型。

5.2.2 数据预处理

对于图像识别任务，数据预处理通常包括以下步骤。

步骤 ① ▶▶ 归一化

图像的像素值通常为 0～255。为了使模型的训练更有效，我们通常将这些值缩放到 0～1。这可以通过将图像像素值除以 255 实现：

```
1  X_train = X_train.astype('float32') / 255
2  X_test = X_test.astype('float32') / 255
3
```

步骤 2 ▶▶ 标签编码

在图像分类任务中，标签通常是类别的名称，如"飞机""汽车"等。然而，机器学习模型通常无法直接处理这样的标签，需要将它们转换成一种可以处理的形式。最常用的方法是 one-hot 编码，它将每个标签转换成一个只有一个 1 和若干个 0 的 one-hot 向量：

```
1  from keras.utils import np_utils
2  num_classes = 10
3  y_train = np_utils.to_categorical(y_train,num_classes)
4  y_test = np_utils.to_categorical(y_test,num_classes)
5
```

提示

one-hot 向量只有一个元素为 1，其余元素都为 0。例如，在一个有 10 个类别的分类问题中，第一个类别可以表示为[1,0,0,0,0,0,0,0,0,0]，第二个类别可以表示为[0,1,0,0,0,0,0,0,0,0]，依此类推。one-hot 向量可以明确地区分不同的类别，无论类别间的原始标签名字或编号有何不同。因此，one-hot 向量经常被用作神经网络的目标输出。

其中，原始的标签是类别的名称，如"飞机""汽车"等，这些是字符串类型，无法直接用于计算。通过将字符串类型转换为 one-hot 向量，用户就可以把这些字符串标签转化为模型可以理解和处理的数值形式。

步骤 3 ▶▶ 数据增强

为了增加模型的泛化能力，通常会对训练数据进行增强，如旋转、缩放、平移等。这些增强数据可以通过 ImageDataGenerator 类实现：

```
1  # 创建一个 ImageDataGenerator 类的对象，通过旋转、平移等变换增强数据
2  datagen = ImageDataGenerator(
3      rotation_range=15,  # 图像随机旋转的角度范围为 0~15°
4      width_shift_range=0.1,  # 图像在宽度上的随机偏移量为总宽度的 10%
5      height_shift_range=0.1,  # 图像在高度上的随机偏移量为总高度的 10%
```

```
6        horizontal_flip=True, # 随机对图像进行水平翻转
7  )
8
9  # 使用训练数据适应 ImageDataGenerator 模型
10 datagen.fit(X_train)
11 # 使用 ImageDataGenerator 的 flow() 方法获取增强后的数据，这里并没有指定批量
大小（batch_size），默认值为 32
12 augmented_data = datagen.flow(X_train,y_train)
```

在上面这段代码中，使用 Keras 的 ImageDataGenerator 类进行数据扩增。数据扩增是一种常见的技术，可以增加用户的训练集大小，并且有助于防止过拟合。

在进行这些预处理步骤之后，模型就可以使用这些数据了。

5.2.3 特征工程

在许多机器学习任务中，特征工程是一个关键步骤。然而，在深度学习和图像识别任务中，特征工程的重要性有所降低。这是因为深度学习模型能自我学习用于分类的特征，这些特征的性能可能远超过人工设计的特征。

在图像识别中，通常使用 CNN 作为模型，因为它特别适合处理如图像一样的网格形式的数据。在 CNN 中，卷积层可以自动学习图像中的空间层次特征。例如，第一层可能会学习纹理和边缘，后续的层可能会学习更高级别的特征，如形状和对象。

提示

纹理在图像识别中是一个重要的概念，通常是指在图像中重复出现的有规律的像素模式和形状，这些可能是实际的表面纹理，也可能是特定的图像区域，如草地、砖墙、树叶等。在图像中，纹理可以帮助用户区分和识别不同的物体和区域。

边缘在图像处理和分析中是一种基本的特征，是指图像中明暗变化明显的地方，也就是物体的边界或纹理的变化处。边缘检测在很多图像处理任务中都是非常重要的步骤，如物体识别、图像分割等。

对于图像识别任务，特征工程的主要任务是构建和调整 CNN 模型。下面是一

个简单的构建 CNN 模型的例子：

```
1   from keras.models import Sequential
2   from keras.layers import Conv2D,MaxPooling2D,Dropout,Flatten,Dense
3
4   # 初始化一个 Sequential 模型
5   model = Sequential()
6
7   # 添加第一层卷积层，有 32 个滤波器，每个大小为 3×3，使用 relu 激活函数，填充方式
    为 same，输入形状为 32×32×3 的图像
8   model.add(Conv2D(32,(3,3),activation='relu',padding='same',input_
    shape=(32,32,3)))
9
10  # 添加第二层卷积层，32 个滤波器，每个大小为 3×3，使用 relu 激活函数
11  model.add(Conv2D(32,(3,3),activation='relu'))
12
13  # 添加一个池化层，池化窗口大小为 2×2
14  model.add(MaxPooling2D(pool_size=(2,2)))
15
16  # 添加一个 Dropout 层，随机使 25%的神经元失活，防止过拟合
17  model.add(Dropout(0.25))
18
19  # 添加第三层卷积层，64 个滤波器，每个大小为 3×3，使用 relu 激活函数，填充方式为
    same
20  model.add(Conv2D(64,(3,3),activation='relu',padding='same'))
21
22  # 添加第四层卷积层，64 个滤波器，每个大小为 3×3，使用 relu 激活函数
23  model.add(Conv2D(64,(3,3),activation='relu'))
24
25  # 添加第二个池化层，池化窗口大小为 2×2
26  model.add(MaxPooling2D(pool_size=(2,2)))
27
28  # 添加第二个 Dropout 层，随机使 25%的神经元失活，防止过拟合
29  model.add(Dropout(0.25))
30
31  # 添加一个 Flatten 层，把多维输入一维化，从卷积层到全连接层进行过渡
32  model.add(Flatten())
33
```

```
34  # 添加一个全连接层，512 个神经元，使用 relu 激活函数
35  model.add(Dense(512,activation='relu'))
36
37  # 添加第三个 Dropout 层，随机使 50%的神经元失活，防止过拟合
38  model.add(Dropout(0.5))
39
40  # 添加输出层，神经元个数等于类别数 num_classes，使用 softmax 激活函数，使输出
    符合概率分布
41  model.add(Dense(num_classes,activation='softmax'))
42
```

在上面这个模型中，有两个卷积层，每层都有一个最大池化层和一个 Dropout 层，以降低过拟合的风险，并有一个全连接层用于分类。

提示

卷积层在图像处理中是非常关键的一层。卷积操作的主要目标是提取图像的各种特征，如边缘、纹理等。具体来说，卷积层将学习到的滤波器（也叫卷积核）应用在输入的图像上，并产生一组特征映射或卷积映射。

池化层在卷积神经网络中也扮演着重要的角色。池化层的主要功能是下采样，即减小输入数据的空间尺寸，降低数据的维度，从而减少网络的参数数量，并减小计算量，有助于防止过拟合。

全连接层是最普通的神经网络层。全连接层的主要功能是对输入数据进行非线性变换，在进行这种变换时会考虑到输入数据中的所有元素。

特征工程不仅仅用于构建模型，还会根据用户的任务和数据调整模型，如选择和优化卷积层、池化层、全连接层等不同类型的层，并调整卷积核的大小、步长、激活函数等层参数。

5.2.4 模型构建与训练

前面已经建立了一个基本的卷积神经网络模型。现在，需要对模型进行编译，并使用训练数据进行训练。

首先需要编译模型。在编译时，需要指定优化器（如 Adam 或 SGD）、损失函数（如分类交叉熵）和要监视的指标（如准确率）。代码如下：

```
1    # 编译模型
2    model.compile(
3        optimizer='adam', # 使用 Adam 优化器
4        loss='categorical_crossentropy', # 使用 categorical_crossentropy
损失函数
5        metrics=['accuracy']   # 使用准确率作为性能评估指标
6    )
7
```

然后，使用训练数据训练模型，并指定要进行的训练周期数（epochs）和批处理大小（batch_size）。这里可以使用一个验证集，监视模型在未见过的数据上的表现。代码如下：

```
1    # 训练模型
2    history = model.fit(
3        X_train, # 训练数据
4        y_train, # 训练数据对应的标签
5        epochs=10, # 将训练数据迭代 10 次
6        batch_size=32, # 每个批次包含 32 个样本
7        validation_data=(X_val,y_val)   # 验证数据，用于在训练过程中评估模型的性能
8    )
9
```

上述代码开始训练模型，模型开始学习从图像数据中预测类别。在训练期间，可使用一些回调函数，如早期停止（Early Stopping）和模型检查点（Model Checkpoint）。这些回调函数可以在验证损失不再改善时停止训练，并保存训练过程中的最佳模型。

模型训练的输出结果如图 5-11 所示。

```
D:\DeskFile\书籍\机器学习入门实战\Code\MyPythonCode\项目二图像识别>python 加载数据集.py
Epoch 1/10
1250/1250 [==============================] - 93s 73ms/step - loss: 1.6281 - accuracy: 0.3985 - val_loss: 1.2788 - val_accuracy: 0.5518
Epoch 2/10
1250/1250 [==============================] - 103s 82ms/step - loss: 1.2280 - accuracy: 0.5623 - val_loss: 1.0247 - val_accuracy: 0.6393
Epoch 3/10
1250/1250 [==============================] - 108s 86ms/step - loss: 1.0532 - accuracy: 0.6290 - val_loss: 0.9986 - val_accuracy: 0.6459
Epoch 4/10
1250/1250 [==============================] - 114s 91ms/step - loss: 0.9402 - accuracy: 0.6695 - val_loss: 0.8323 - val_accuracy: 0.7075
Epoch 5/10
1250/1250 [==============================] - 106s 85ms/step - loss: 0.8639 - accuracy: 0.6959 - val_loss: 0.7953 - val_accuracy: 0.7187
Epoch 6/10
1250/1250 [==============================] - 107s 86ms/step - loss: 0.8114 - accuracy: 0.7145 - val_loss: 0.7521 - val_accuracy: 0.7298
Epoch 7/10
1250/1250 [==============================] - 116s 93ms/step - loss: 0.7620 - accuracy: 0.7309 - val_loss: 0.7146 - val_accuracy: 0.7524
Epoch 8/10
1250/1250 [==============================] - 111s 89ms/step - loss: 0.7272 - accuracy: 0.7447 - val_loss: 0.7082 - val_accuracy: 0.7536
Epoch 9/10
1250/1250 [==============================] - 116s 93ms/step - loss: 0.6903 - accuracy: 0.7586 - val_loss: 0.7043 - val_accuracy: 0.7520
Epoch 10/10
1250/1250 [==============================] - 111s 89ms/step - loss: 0.6622 - accuracy: 0.7653 - val_loss: 0.7362 - val_accuracy: 0.7479
```

图 5-11

在图 5-11 中，这个模型在训练集上进行了 10 个时期的训练。

在第一个时期结束后，模型在训练集上的损失为 1.6281，精确度为 39.85%，在验证集上的损失为 1.2788，精确度为 55.18%。

第二个时期，模型的性能有所提高，模型在训练集上的损失下降到 1.2280，精确度提高到 56.23%，在验证集上的损失下降到 1.0247，精确度提高到 63.93%。

以此类推，在第 10 个时期，模型在训练集上的损失下降到 0.6622，精确度提高到 76.53%，在验证集上的损失却略有上升，为 0.7362，但精确度仍然保持在 74.79%。

随着时间的增加，模型的损失值持续下降，精确度持续提高，这表明模型正在学习，并从训练数据中获得知识。在最后一个时期，验证集的损失值有所增加，可能是模型开始出现过拟合，这是需要注意的问题。

提示

早期停止是一种特殊的训练技术，用于防止模型过度拟合训练数据。在训练深度学习模型时，随着训练轮次（epoch）的增加，训练集上的性能可能会持续提高，如损失函数值降低，在验证集上的性能（如准确度）可能会在一段时间后先达到峰值，然后开始下降。这是过拟合的标志，即模型开始过度学习训练集的特征，而忽视其泛化能力。

为了防止过拟合，可以使用早期停止技术。在每个训练轮次结束时，不仅要检查训练集上的性能，还要检查验证集上的性能。如果验证集的性能在一段时间内（如连续 10 个轮次）没有改善，则提前结束训练，这意味着模型可能已经达到在当前结构和数据下的最佳性能，继续训练可能会导致过拟合。

对于大型数据集或复杂模型，训练可能需要大量的计算资源和时间。因此，通常会使用高性能的硬件（如 GPU）进行训练，或在云平台上进行分布式训练。分布式训练是一种策略，它使用多台计算机（通常是多个 GPU）同时处理训练任务。这个过程通常是为了加快训练速度，充分利用硬件资源，并应对大规模的数据集。

5.2.5 模型评估与优化

模型训练完成后，需要评估模型的性能并寻找优化方法。对于分类问题，常用的评估指标包括精确度（Accuracy）、混淆矩阵（Confusion Matrix）、精确率

（Precision）、召回率（Recall）、F1 分数等。

例如，用户可以使用 model.evaluate()方法获得模型在测试集上的损失和准确率：

```
1   # 评估模型性能
2   test_loss,test_acc = model.evaluate(X_test,y_test)
3   print("Test accuracy:",test_acc)
4
```

如果用户对模型性能不满意，则可采取以下优化策略。

1. 调整模型参数

在深度学习中，模型参数的调整是影响模型性能的重要因素。常见的参数调整方法如下。

- 调整网络结构：此方法会改变层的数量，如增加更多卷积层或全连接层，使模型能学习更复杂的表示。另一方面，如果模型过于复杂从而导致过拟合，则可尝试减少层的数量。此外，用户可以调整每一层中神经元的数量。如果模型太简单，则不能有效地学习数据，可以增加每一层中的神经元数量。如果模型太复杂，则容易导致过拟合，用户可以尝试减少神经元数量。

- 修改学习率：学习率是梯度下降优化器中的一个关键参数。如果将学习率设置得太大，则可能会导致模型在训练过程中收敛过快，错过最优解；如果将学习率设置得太小，则模型的训练可能会非常慢，甚至可能无法收敛。因此，设置适当的学习率是非常重要的。

- 调整优化器：不同的优化器有不同的优化策略和参数更新方式，适当选择和调整优化器是改善模型性能的一个途径。Adam、SGD、RMSprop、Adagrad 等都是常见的优化器，它们在不同情况下可能会有不同的表现。

- 正则化：L1 正则化、L2 正则化、Dropout 等是防止模型过拟合的常用方法。在训练深度神经网络时，可以使用 Dropout，在每个训练阶段随机关闭一部分神经元，这可以有效防止模型过拟合。

以上是常见的模型参数调整方法。需要注意，这些方法并非只能单独使用，往往需要综合运用，进行多方面的调整，以获取最好的模型性能。

2．数据预处理和特征工程

尝试不同的数据清洗策略、引入新的特征、去除无用特征、改变数据扩增方法等。

3．使用其他模型

如果上述方法不能有效提升模型性能，则可尝试其他类型的模型。例如，在深度学习领域，对于图像任务，还可以尝试使用 ResNet、VGG、Inception 等模型。

4．集成学习

训练多个模型，并将它们的预测结果进行结合。常见的集成学习方法包括 Bagging、Boosting 和 Stacking。

例如，用户可以通过调整模型的参数（如学习率）优化模型：

```
1  from tensorflow.keras.optimizers import Adam
2
3  # 设置新的学习率
4  new_lr = 0.0001
5
6  # 使用新的学习率和 Adam 优化器重新编译模型
7  # 将损失函数设置为 sparse_categorical_crossentropy，这是一种常用于多分类
问题的损失函数
8  model.compile(optimizer=Adam(learning_rate=new_lr),loss='sparse_
categorical_crossentropy',metrics=['accuracy'])
9
10 # 使用新的优化器和学习率重新训练模型
11 # 将训练数据和标签（X_train 和 y_train）输入模型，并设置迭代次数（epochs）
为 10，批次大小（batch_size）为 32
12 history = model.fit(X_train,y_train,
13               epochs=10,
14               batch_size=32,
15               validation_data=(X_val,y_val))
16
```

在深度学习中，学习率是一个重要的超参数，它决定模型的学习速度。通过调整学习率，可以影响模型的训练效果。

模型优化需要在已经具备一定理解后进行，否则可能会陷入"调参"的无尽循环中。通常，用户在理解数据和模型，并合理设定评估指标后，通过观察模型在训练集和验证集上的表现寻找优化方向。

5.2.6　结果解释

在完成模型训练和优化后，通常需要对结果进行解释。对于图像识别项目，结果解释主要涉及理解模型的预测机制，以及识别并分析模型的异常表现。结果解释研究模型对不同类别的识别能力，以及模型是否对某些特定输入过度敏感或不敏感。通过深入理解模型的行为，用户可以更好地掌握模型的优点和弱点，从而进一步优化模型，提高模型在实际应用中的鲁棒性。一种常见的结果解释方式是展示模型的预测结果，并将预测类别与实际类别进行对比：

```
1   # 在测试集上获取模型的预测结果
2   predictions = model.predict(X_test)
3
4   # 将预测结果由独热编码转回标签
5   pred_labels = np.argmax(predictions,axis=1)
6
7   # 展示一些图片及其预测结果
8   plt.figure(figsize=(10,10))  # 创建一个新的图形
9   for i in range(25):  # 展示 25 张图片
10      plt.subplot(5,5,i+1)  # 在 5×5 的网格上添加新的子图
11      plt.xticks([])  # 移除 x 轴的标记
12      plt.yticks([])  # 移除 y 轴的标记
13      plt.grid(False)  # 移除网格
14      plt.imshow(X_test[i],cmap=plt.cm.binary)  # 显示图像
15      plt.xlabel("实际值: " + str(y_test[i]))  # 显示图像的真实标签
16      plt.title("预测值: " + str(pred_labels[i]))  # 显示模型的预测标签
17  plt.show()  # 显示图形
18
```

上述代码的执行结果如图 5-12 所示。上述代码将模型在测试集上的预测结果进行可视化。每一张图片都显示其真实的标签（Actual）以及模型预测的标签（Prediction）。通过这种方式，用户可以直观地看到模型的预测结果是否准确。

此外，可以使用一些可视化工具帮助用户理解模型是如何进行分类的。例如，类激活图（Class Activation Maps，CAM）可以展示输入图像上的哪些区域对模型的决策起到关键作用。

在模型结果的解释过程中，用户不仅要关注模型的准确性，也要关注模型是否存在一些不良的学习行为。例如，模型是否存在对某个类别的偏见，或模型是

否过于依赖一些不重要的特征，如图像的背景。这些都是在结果解释阶段需要注意的问题。

图 5-12

深度学习模型的解释性往往不如一些传统的机器学习模型。如果需要对模型的每一步决策都给出明确的解释，则可能需要考虑使用一些可解释性更强的模型或使用一些专门的模型解释工具，如 LIME 和 SHAP。

5.3 项目三：自然语言处理

在此项目中，将使用机器学习解决一个 NLP 问题。NLP 是计算机科学和人工智能领域的一个重要分支，可使计算机理解、解释、生成人类语言的各种问题。具体来说，NLP 将构建一个情感分析模型，该模型能根据给定的影评，预测出该评论的情感。

5.3.1 数据获取与理解

首先要获取与理解数据。本项目使用 IMDb 数据集。IMDb 数据集是一个公开的、大规模的影评数据集，其中包含很多影评以及对应的情感标签（正面或负面）。

如果想直接通过链接下载 IMDb 数据集，则可访问其原始发布的网站获取下载链接。下载完成后，需要自行处理和分割数据集，将数据集转化为机器学习或深度学习模型可以使用的格式。

下面介绍 IMDb 数据集的下载方式。

（1）首先，计算机需要有 Python 环境，并安装 TensorFlow。用户可以通过 pip 命令进行安装。在命令行中输入以下命令即可安装：

```
1   pip install tensorflow
2
```

（2）使用 keras.datasets 模块下载 IMDb 数据集：

```
1   from tensorflow.keras.datasets import imdb
2   (train_data,train_labels),(test_data,test_labels) = imdb.load_data
(num_words=10000)
3
```

上面的代码可下载 IMDb 数据集，并且将数据集分割成训练集和测试集。参数 num_words 为 10000 意味着只保留训练集中最常出现的 10000 个单词，不常出现的单词将被丢弃。

第一次下载可能会需要一些时间，下载的数据将被保存在用户计算机的"HOME/.keras/datasets/"目录中，便于以后使用。

提示

HOME 是一个特殊的环境变量，通常代表用户的主目录。对于 Windows 系统，HOME 的路径可能是 "C:\Users\YourUsername"。对于 Unix、Linux 或 Mac 系统，HOME 的路径可能是 "/HOME/YourUsername" 或 "/Users/YourUsername"。

获取数据后，需要对数据进行理解。在 IMDb 数据集中，每条数据都包含一个影评以及对应的情感标签。影评是用字符串表示的，可能包含任何字符。情感标签是一个二值标签，1 表示正面，0 表示负面。

理解数据通常包括以下步骤。

步骤 1 ▶▶ 查看数据的基本信息，如数据的大小、形状、特征类型。

步骤 2 ▶▶ 查看部分数据，可以帮助用户对数据有直观的认识。

步骤 3 ▶▶ 统计分析。例如，可以统计正面和负面影评的数量，观察数据是否平衡；也可以统计影评的长度，观察影评长度的分布情况。

理解数据的目的是为后续的数据预处理和模型构建提供依据。如果数据不平衡，则可能需要进行重采样；如果影评的长度有很大变化，则可能需要设定一个最大长度。

下面的代码用于加载 IMDb 数据集，并进行初步的数据理解：

```
1   from tensorflow.keras.datasets import imdb
2   import numpy as np
3
4   # 设定词汇表的大小为10000，即只考虑出现频率最高的10000个单词
5   vocabulary_size = 10000
6
7   # 加载 IMDb 数据集
8   (train_data,train_labels),(test_data,test_labels) = imdb.load_data
    (num_words=vocabulary_size)
9
10  # 数据是以编码形式提供的，可以使用 get_word_index()函数获取编码
11  word_index = imdb.get_word_index()
12
13  # 打印出数据的形状
14  print("Train data shape:",train_data.shape)
15  print("Test data shape:",test_data.shape)
16
17  # 查看一条训练数据及其对应的标签
18  print("Example of training data:\n",train_data[0])
19  print("Corresponding label:",train_labels[0])
20
21  # 统计训练数据中评论的长度
22  lengths = [len(i) for i in train_data]
23  print("Average review length:",np.mean(lengths))
24  print("Standard deviation of review length:",np.std(lengths))
25
```

在上面这段代码中，首先设置词汇表的大小为10000，即只考虑出现频率最高的 10000 个单词。然后加载数据，这些数据已经被预处理为整数列表，其中每个整数代表一个单词，数字的大小表示单词在数据集中出现的频率。

接下来，打印出数据的形状，以及训练数据和对应的标签。统计训练数据中评论的长度，计算平均长度和长度的标准差，这可以帮助用户了解评论的长度分布情况。

提示

IMDb 数据集中的评论已经被编码为数字，而不是直接的文本。要获取每个数字对应的单词，可以使用 get_word_index()函数。

上述代码的执行结果如图 5-13 所示。可以看出，平均影评长度是 238.71 个单词，影评长度的标准差是 176.49。这表明影评的长度在不同的评论之间有很大区别，这在接下来的模型设计和训练过程中需要特别注意。

```
D:\DeskFile\书籍\机器学习入门实战\Code\MyPythonCode\项目三自然语言处理>python 数据获取与理解.py
Train data shape: (25000,)
Test data shape: (25000,)
Example of training data:
[1, 14, 22, 16, 43, 530, 973, 1622, 1385, 65, 458, 4468, 66, 3941, 4, 173, 36, 256, 5, 25, 100, 43, 838, 112, 50, 670, 2, 9, 35, 480, 284, 5, 150, 4, 172, 112, 167, 2, 336, 385, 39, 4,
172, 4536, 1111, 17, 546, 38, 13, 447, 4, 192, 50, 16, 6, 147, 2025, 19, 14, 22, 4, 1920, 4613, 469, 4, 22, 71, 87, 12, 16, 43, 530, 38, 76, 15, 13, 1247, 4, 22, 17, 515, 17, 12, 16, 6
26, 18, 2, 5, 62, 386, 12, 8, 316, 8, 106, 5, 4, 2223, 5244, 16, 480, 66, 3785, 33, 4, 130, 12, 16, 38, 619, 5, 25, 124, 51, 36, 135, 48, 25, 1415, 33, 6, 22, 12, 215, 28, 77, 52, 5, 14
, 407, 16, 82, 2, 8, 4, 107, 117, 5952, 15, 256, 4, 2, 7, 3766, 5, 723, 36, 71, 43, 530, 476, 26, 400, 317, 46, 7, 4, 2, 1029, 13, 104, 88, 4, 381, 15, 297, 98, 32, 2071, 56, 26, 141, 6
, 194, 7486, 18, 4, 226, 22, 21, 134, 476, 26, 480, 5, 144, 30, 5535, 18, 51, 36, 28, 224, 92, 25, 104, 4, 226, 65, 16, 38, 1334, 88, 12, 16, 283, 5, 16, 4472, 113, 103, 32, 15, 16, 534
5, 19, 178, 32]
Corresponding label: 1
Average review length: 238.71364
Standard deviation of review length: 176.49367364852034
D:\DeskFile\书籍\机器学习入门实战\Code\MyPythonCode\项目三自然语言处理>
```

图 5-13

5.3.2 数据预处理

数据预处理这一步骤在 NLP 项目中非常重要，包括文本清洗、分词、标准化、词嵌入等多种处理方式。在本项目中，数据已经经过预处理，被转化为整数序列，下面还需要对这些数据进行一些额外的处理以适应模型。具体来说，需要将输入数据的形状转化为模型可以接受的形状。代码如下：

```
1   def vectorize_sequences(sequences,dimension=vocabulary_size):
2       # 创建一个形状为(len(sequences),dimension)的零矩阵
3       results = np.zeros((len(sequences),dimension))
4       for i,sequence in enumerate(sequences):
5           # 将 results[i]的指定索引设为 1
6           results[i,sequence] = 1.
7       return results
8
9   # 将训练数据和测试数据向量化
10  X_train = vectorize_sequences(train_data)
11  X_test = vectorize_sequences(test_data)
```

```
12
13  # 同样，将训练标签和测试标签向量化
14  y_train = np.asarray(train_labels).astype('float32')
15  y_test = np.asarray(test_labels).astype('float32')
16
17  # 打印转化后的训练数据和标签形状
18  print("Train data shape:",X_train.shape)
19  print("Train labels shape:",y_train.shape)
20
```

上述代码的执行结果如图 5-14 所示。

```
Train data shape: (25000, 10000)
Train labels shape: (25000,)

D:\DeskFile\书籍\机器学习入门实战\Code\MyPythonCode\项目三自然语言处理>
```

图 5-14

在上述代码中，首先定义一个名为 vectorize_sequences() 的函数，该函数将整数序列转化为二进制矩阵。具体来说，如果影评中包含词汇表中的第 n 个单词，则这个矩阵的第 n 个位置会被标记为 1。这样，每条影评就被转化为一个长度为 10000 的向量。

接着，使用这个函数将训练数据和测试数据进行向量化。神经网络模型接受这些向量作为输入。

然后，将训练标签和测试标签向量化。由于标签已经是 0 和 1 的形式，所以这里的向量化只是简单地将它们转化为浮点数。

最后，打印出转化后的训练数据和标签的形状。这里的形状为（25000，10000）和（25000，），这意味着用户有 25000 条影评数据，每条数据都被转化为一个长度为 10000 的向量，同时有 25000 个标签，每个标签都是一个浮点数。

5.3.3 特征工程

由于数据已经预处理为整数序列，每个整数代表一个单词，因此用户不需要进行传统的特征工程。然而，将整数序列转换为二进制向量的步骤在某种程度上可以被视为一种特征工程。下面的代码描述了这一步骤：

```
1  def vectorize_sequences(sequences,dimension=10000):
2      # 创建一个形状为(len(sequences),dimension)的零矩阵
3      results = np.zeros((len(sequences),dimension))
```

```
4      for i,sequence in enumerate(sequences):
5          # 将 results[i]的指定索引设为 1
6          results[i,sequence] = 1.
7      return results
8
9  # 将训练数据向量化
10 X_train = vectorize_sequences(train_data)
11 # 将测试数据向量化
12 X_test = vectorize_sequences(test_data)
13
```

在上面这段代码中，定义了一个函数 vectorize_sequences()，该函数的功能是将整数序列转化为二进制矩阵，从而得到一个形状为(number_of_reviews,10000)的二维数组，数组中每一行代表一条评论，每一列代表一个单词，如果该单词在评论中出现，则对应位置的元素为 1，否则为 0。

5.3.4　模型构建与训练

下面使用 Keras 中的 Sequential API 构建和训练模型。下面的代码展示了如何创建和训练一个简单的全连接网络：

```
1  from tensorflow.keras import models
2  from tensorflow.keras import layers
3
4  # 构建模型
5  model = models.Sequential()  # 初始化一个 Sequential 模型，这个模型将各
层（如下面的全连接层）按顺序堆叠起来
6  model.add(layers.Dense(16,activation='relu',input_shape=(10000，)))
# 添加一个有 16 个单元、激活函数为 relu 的全连接层，该层接收形状为(10000，)的输入
7  model.add(layers.Dense(16,activation='relu'))  # 再添加一个有 16 个单
元、激活函数为 relu 的全连接层
8  model.add(layers.Dense(1,activation='sigmoid'))  # 添加一个有 1 个单
元、激活函数为 sigmoid 的全连接层，用于输出预测结果
9
10 # 编译模型
11 model.compile(optimizer='rmsprop', # 使用 rmsprop 优化器
12             loss='binary_crossentropy', # 使用交叉熵损失函数，该函数适
合用于二分类问题
13             metrics=['accuracy'])  # 使用准确度作为性能指标
```

```
14
15  # 划分训练集和验证集
16  X_val = X_train[:10000]  # 取训练集前 10000 个样本作为验证集
17  partial_X_train = X_train[10000:]  # 取训练集 10000 个样本之后的部分样本
作为新的训练集
18  y_val = y_train[:10000]  # 取训练集前 10000 个标签作为验证集标签
19  partial_y_train = y_train[10000:]  # 取训练集 10000 个标签之后的部分标签
作为新的训练集标签
20
21  # 训练模型
22  history = model.fit(partial_X_train, # 输入数据
23                      partial_y_train, # 对应的标签
24                      epochs=20, # 迭代 20 次
25                      batch_size=512, # 每个批次包含 512 个样本
26                      validation_data=(X_val,y_val))  # 在每个周期后，使用
验证集进行性能评估
27
```

上述代码的执行结果如图 5-15 所示。

```
Epoch 1/20
30/30 [==============================] - 5s 132ms/step - loss: 0.6036 - accuracy: 0.6831 - val_loss: 0.5098 - val_accuracy: 0.8513
Epoch 2/20
30/30 [==============================] - 1s 17ms/step - loss: 0.4173 - accuracy: 0.8790 - val_loss: 0.3740 - val_accuracy: 0.8758
Epoch 3/20
30/30 [==============================] - 0s 16ms/step - loss: 0.3004 - accuracy: 0.9096 - val_loss: 0.3159 - val_accuracy: 0.8800
Epoch 4/20
30/30 [==============================] - 0s 16ms/step - loss: 0.2384 - accuracy: 0.9229 - val_loss: 0.2836 - val_accuracy: 0.8876
Epoch 5/20
30/30 [==============================] - 1s 17ms/step - loss: 0.1960 - accuracy: 0.9369 - val_loss: 0.2744 - val_accuracy: 0.8897
Epoch 6/20
30/30 [==============================] - 0s 16ms/step - loss: 0.1671 - accuracy: 0.9453 - val_loss: 0.2790 - val_accuracy: 0.8874
Epoch 7/20
30/30 [==============================] - 0s 16ms/step - loss: 0.1429 - accuracy: 0.9549 - val_loss: 0.2865 - val_accuracy: 0.8845
Epoch 8/20
30/30 [==============================] - 0s 17ms/step - loss: 0.1216 - accuracy: 0.9625 - val_loss: 0.2937 - val_accuracy: 0.8849
Epoch 9/20
30/30 [==============================] - 0s 17ms/step - loss: 0.1076 - accuracy: 0.9659 - val_loss: 0.3054 - val_accuracy: 0.8837
Epoch 10/20
30/30 [==============================] - 0s 16ms/step - loss: 0.0896 - accuracy: 0.9756 - val_loss: 0.3186 - val_accuracy: 0.8822
Epoch 11/20
30/30 [==============================] - 0s 17ms/step - loss: 0.0751 - accuracy: 0.9798 - val_loss: 0.3913 - val_accuracy: 0.8668
Epoch 12/20
30/30 [==============================] - 0s 17ms/step - loss: 0.0655 - accuracy: 0.9835 - val_loss: 0.3595 - val_accuracy: 0.8776
Epoch 13/20
30/30 [==============================] - 1s 17ms/step - loss: 0.0519 - accuracy: 0.9889 - val_loss: 0.3874 - val_accuracy: 0.8756
Epoch 14/20
30/30 [==============================] - 0s 16ms/step - loss: 0.0475 - accuracy: 0.9897 - val_loss: 0.3967 - val_accuracy: 0.8766
Epoch 15/20
30/30 [==============================] - 1s 17ms/step - loss: 0.0372 - accuracy: 0.9928 - val_loss: 0.4178 - val_accuracy: 0.8754
Epoch 16/20
30/30 [==============================] - 1s 17ms/step - loss: 0.0304 - accuracy: 0.9951 - val_loss: 0.4419 - val_accuracy: 0.8762
Epoch 17/20
30/30 [==============================] - 0s 17ms/step - loss: 0.0262 - accuracy: 0.9961 - val_loss: 0.4766 - val_accuracy: 0.8711
Epoch 18/20
30/30 [==============================] - 1s 17ms/step - loss: 0.0215 - accuracy: 0.9973 - val_loss: 0.4879 - val_accuracy: 0.8745
Epoch 19/20
30/30 [==============================] - 1s 18ms/step - loss: 0.0146 - accuracy: 0.9992 - val_loss: 0.5307 - val_accuracy: 0.8693
Epoch 20/20
30/30 [==============================] - 0s 17ms/step - loss: 0.0152 - accuracy: 0.9987 - val_loss: 0.6369 - val_accuracy: 0.8561
```

D:\DeskFile\书籍\机器学习入门实战\Code\MyPythonCode\项目三自然语言处理>

图 5-15

这段代码首先创建一个简单的全连接神经网络模型，然后编译这个模型，接着划分训练数据和验证数据，最后使用训练数据训练这个模型。下面进行详细解释。

代码使用 Keras 的 Sequential 模型 API 创建一个序列模型。这是一个简单的堆叠模型，其中每一层的输出都会成为下一层的输入。

在这个模型中，添加三个层。前两个层是全连接层，有 16 个隐藏单元，并使用 relu 函数作为激活函数。relu 函数将所有的负输入值变为 0。最后一层是输出层，有 1 个单元，使用 sigmoid 激活函数输出一个 0~1 的概率值，表示影评为正面的概率。

然后，对模型进行编译，设定优化器为 rmsprop、损失函数为 binary_crossentropy、评价指标为 accuracy。

接着，划分训练数据和验证数据。虽然有一个单独的测试集，但在模型的训练过程中，还是需要有独立的验证数据集，用于调整模型参数，并检查模型的过拟合情况。这里使用训练数据中的前 10000 条数据作为验证数据，其余的数据继续作为训练数据。

最后，使用 fit()函数训练模型。在这个过程中，模型使用指定的优化器和损失函数更新模型的权重，并且在每一个训练周期后，使用验证数据检查模型的性能。这个过程会进行 20 次，即 20 个训练周期，每次都会处理 512 条训练数据。

可以看出，随着训练次数的增加，模型在训练数据上的损失逐渐减小，准确率逐渐提高，这是用户期望看到的，因为这意味着模型正在学习并改进预测结果。

然而，在验证数据上，前几个轮次后开始增加损失，准确率也开始下降，这是过拟合的迹象。模型在训练数据上表现得越来越好，但是在未见过的数据上，模型的表现却在变差，这意味着模型在训练数据上学习到一些特定的噪声或细节，而这些噪声或细节并没有帮助模型在新数据上做出更好的预测。在这种情况下，可能需要调整模型的参数或进行早期停止，以防止过拟合。

5.3.5　模型评估与优化

本节将讨论如何评估模型，并针对上述结果进行优化。首先，需要了解两个主要概念：过拟合和欠拟合。在上一节中已经为用户展示过拟合的情况，这表明用户的模型在训练数据上表现良好，但在未见过的数据上表现不佳。欠拟合意味着模型在训练数据和未见过的数据上都表现不佳。

下面介绍如何优化之前的模型。

1. 早期停止

一种防止过拟合的策略是早期停止。在训练期间，用户可以持续监测模型在验证集上的表现。一旦验证误差开始增大，就停止训练，这样可以防止模型在训练数据上过拟合：

```
1   # 设定早期停止的回调函数
2   # 如果连续两次训练迭代（patience=2）后，验证集的损失值没有下降，则停止训练
3   early_stopping = EarlyStopping(monitor='val_loss',patience=2)
4
5   # 使用早期停止的回调函数训练模型
6   history = model.fit(X_train, # 训练数据
7                       y_train, # 训练标签
8                       epochs=20, # 最大迭代次数
9                       batch_size=512, # 每个批次的大小
10                      validation_data=(X_val,y_val), # 验证数据
11                      callbacks=[early_stopping])  # 早期停止的回调函数
12
```

在上述代码中，EarlyStopping()函数的作用是当模型在验证集上的性能不再提升时，提前结束训练。EarlyStopping()的主要参数包括 monitor 和 patience。monitor 是指要监控的指标，如 val_loss；patience 是指在性能不再提升后允许的额外训练轮数。

上述代码的执行结果如图 5-16 所示。

```
D:\DeskFile\书籍\机器学习入门实战\Code\MyPythonCode\项目三自然语言处理>python 数据获取与理解.py
Train data shape: (25000, 10000)
Train labels shape: (25000,)
Epoch 1/20
49/49 [==============================] - 2s 29ms/step - loss: 0.4664 - accuracy: 0.8165 - val_loss: 0.3099 - val_accuracy: 0.9029
Epoch 2/20
49/49 [==============================] - 1s 15ms/step - loss: 0.2797 - accuracy: 0.9001 - val_loss: 0.2234 - val_accuracy: 0.9248
Epoch 3/20
49/49 [==============================] - 1s 14ms/step - loss: 0.2197 - accuracy: 0.9204 - val_loss: 0.1779 - val_accuracy: 0.9436
Epoch 4/20
49/49 [==============================] - 1s 14ms/step - loss: 0.1865 - accuracy: 0.9351 - val_loss: 0.1518 - val_accuracy: 0.9542
Epoch 5/20
49/49 [==============================] - 1s 14ms/step - loss: 0.1641 - accuracy: 0.9418 - val_loss: 0.1328 - val_accuracy: 0.9583
Epoch 6/20
49/49 [==============================] - 1s 14ms/step - loss: 0.1444 - accuracy: 0.9501 - val_loss: 0.1175 - val_accuracy: 0.9652
Epoch 7/20
49/49 [==============================] - 1s 14ms/step - loss: 0.1284 - accuracy: 0.9554 - val_loss: 0.1187 - val_accuracy: 0.9597
Epoch 8/20
49/49 [==============================] - 1s 14ms/step - loss: 0.1168 - accuracy: 0.9595 - val_loss: 0.0902 - val_accuracy: 0.9752
Epoch 9/20
49/49 [==============================] - 1s 15ms/step - loss: 0.1031 - accuracy: 0.9660 - val_loss: 0.0959 - val_accuracy: 0.9679
Epoch 10/20
49/49 [==============================] - 1s 14ms/step - loss: 0.0936 - accuracy: 0.9699 - val_loss: 0.0984 - val_accuracy: 0.9668

D:\DeskFile\书籍\机器学习入门实战\Code\MyPythonCode\项目三自然语言处理>
```

图 5-16

从上图中可以看出，模型在训练 10 次后停止训练，这样可以避免模型过拟合。

2．调整网络大小

另一个防止过拟合的方法是减小模型的规模或复杂性。模型的规模是指模型中可学习参数的数量。用户可以尝试减少网络层的数量或每层的节点数实现这个目的。代码如下：

```
1  #调整网格大小为8
2  model = models.Sequential()
3  model.add(layers.Dense(8,activation='relu',input_shape=(10000,)))
4  model.add(layers.Dense(8,activation='relu'))
5  model.add(layers.Dense(1,activation='sigmoid'))
```

上述代码的执行结果如图 5-17 所示。

```
Epoch 1/20
30/30 [==============================] - 6s 164ms/step - loss: 0.5582 - accuracy: 0.7691 - val_loss: 0.4591 - val_accuracy: 0.8444
Epoch 2/20
30/30 [==============================] - 1s 19ms/step - loss: 0.3823 - accuracy: 0.8877 - val_loss: 0.3566 - val_accuracy: 0.8777
Epoch 3/20
30/30 [==============================] - 1s 18ms/step - loss: 0.2895 - accuracy: 0.9139 - val_loss: 0.3083 - val_accuracy: 0.8866
Epoch 4/20
30/30 [==============================] - 1s 18ms/step - loss: 0.2342 - accuracy: 0.9271 - val_loss: 0.2900 - val_accuracy: 0.8873
Epoch 5/20
30/30 [==============================] - 1s 18ms/step - loss: 0.1977 - accuracy: 0.9378 - val_loss: 0.2807 - val_accuracy: 0.8867
Epoch 6/20
30/30 [==============================] - 1s 18ms/step - loss: 0.1712 - accuracy: 0.9465 - val_loss: 0.2770 - val_accuracy: 0.8890
Epoch 7/20
30/30 [==============================] - 1s 18ms/step - loss: 0.1481 - accuracy: 0.9551 - val_loss: 0.2989 - val_accuracy: 0.8803
Epoch 8/20
30/30 [==============================] - 1s 19ms/step - loss: 0.1321 - accuracy: 0.9619 - val_loss: 0.2866 - val_accuracy: 0.8858
Epoch 9/20
30/30 [==============================] - 1s 18ms/step - loss: 0.1165 - accuracy: 0.9675 - val_loss: 0.2957 - val_accuracy: 0.8852
Epoch 10/20
30/30 [==============================] - 1s 18ms/step - loss: 0.1032 - accuracy: 0.9711 - val_loss: 0.3054 - val_accuracy: 0.8799
Epoch 11/20
30/30 [==============================] - 1s 18ms/step - loss: 0.0905 - accuracy: 0.9758 - val_loss: 0.3307 - val_accuracy: 0.8798
Epoch 12/20
30/30 [==============================] - 1s 19ms/step - loss: 0.0806 - accuracy: 0.9789 - val_loss: 0.3289 - val_accuracy: 0.8800
Epoch 13/20
30/30 [==============================] - 1s 17ms/step - loss: 0.0706 - accuracy: 0.9831 - val_loss: 0.3406 - val_accuracy: 0.8803
Epoch 14/20
30/30 [==============================] - 1s 18ms/step - loss: 0.0627 - accuracy: 0.9863 - val_loss: 0.3581 - val_accuracy: 0.8780
Epoch 15/20
30/30 [==============================] - 1s 17ms/step - loss: 0.0550 - accuracy: 0.9887 - val_loss: 0.3904 - val_accuracy: 0.8711
Epoch 16/20
30/30 [==============================] - 0s 17ms/step - loss: 0.0487 - accuracy: 0.9903 - val_loss: 0.3940 - val_accuracy: 0.8769
Epoch 17/20
30/30 [==============================] - 1s 18ms/step - loss: 0.0436 - accuracy: 0.9911 - val_loss: 0.4083 - val_accuracy: 0.8768
Epoch 18/20
30/30 [==============================] - 1s 17ms/step - loss: 0.0363 - accuracy: 0.9940 - val_loss: 0.4321 - val_accuracy: 0.8731
Epoch 19/20
30/30 [==============================] - 1s 18ms/step - loss: 0.0342 - accuracy: 0.9937 - val_loss: 0.4467 - val_accuracy: 0.8730
Epoch 20/20
30/30 [==============================] - 1s 17ms/step - loss: 0.0276 - accuracy: 0.9963 - val_loss: 0.4675 - val_accuracy: 0.8722
```

图 5-17

从上图中可以看出，训练集数据表现比较好，验证集（val）的准确性和损失却表现出不同的模式。在第 6 个 epoch 结束时，验证集上的准确性先达到峰值，然后开始下降，同时验证损失在第 6 个 epoch 之后开始增加。这是出现过拟合的典型迹象，即模型在训练集上的性能持续改进，但在未见过的数据（验证集）上的性能开始退化。模型学习训练集的特定噪声和细节，导致其泛化能力下降。

调整网络大小是一种防止过拟合的策略，通过减少模型的复杂性，从而减少过度拟合训练数据的可能性。但在上述代码中，即使调整了网络的大小，过拟合现象依然存在。这时可能需要采用其他策略，如正则化、Dropout 等。

3. 添加正则化

用户也可以向模型添加正则化，这会约束网络的权重，将其约束为较小的值，从而使权重的分布更加规则。Keras 提供了两种类型的正则化器，包括 L1 正则化和 L2 正则化。使用 L2 正则化的代码如下：

```
1   from tensorflow.keras import regularizers
2
3   # 构建模型
4   model = models.Sequential()
5
6   # 添加带有 L2 正则化的隐藏层
7   # kernel_regularizer=regularizers.l2(0.001)表示对层的权重添加 L2 正则
化，这会向损失函数添加一个与权重系数的平方值成正比的项，此项仅在训练时添加
8   model.add(layers.Dense(16,kernel_regularizer=regularizers.l2(0.001),
9                   activation='relu',input_shape=(10000, )))
10
11  # 添加另一个带有 L2 正则化的隐藏层
12  model.add(layers.Dense(16,kernel_regularizer=regularizers.l2(0.001),
13                  activation='relu'))
14
15  # 添加输出层，使用 sigmoid 激活函数输出一个 0~1 的概率
16  model.add(layers.Dense(1,activation='sigmoid'))
17
```

在上面这段代码中，模型的两个隐藏层添加了 L2 正则化。L2 正则化向模型的损失函数添加一个项，这个项是层的权重系数的平方值（即权重的 L2 范数），从而减小模型复杂度，防止过拟合。这个项的影响系数由参数 0.001 确定。

上述代码的执行结果如图 5-18 所示。

```
Epoch 1/20
30/30 [==============================] - 5s 115ms/step - loss: 0.5671 - accuracy: 0.7817 - val_loss: 0.4469 - val_accuracy: 0.8556
Epoch 2/20
30/30 [==============================] - 1s 17ms/step - loss: 0.3680 - accuracy: 0.8958 - val_loss: 0.3658 - val_accuracy: 0.8784
Epoch 3/20
30/30 [==============================] - 1s 18ms/step - loss: 0.2951 - accuracy: 0.9171 - val_loss: 0.3359 - val_accuracy: 0.8874
Epoch 4/20
30/30 [==============================] - 1s 17ms/step - loss: 0.2546 - accuracy: 0.9296 - val_loss: 0.3445 - val_accuracy: 0.8815
Epoch 5/20
30/30 [==============================] - 0s 16ms/step - loss: 0.2293 - accuracy: 0.9403 - val_loss: 0.3358 - val_accuracy: 0.8839
Epoch 6/20
30/30 [==============================] - 1s 18ms/step - loss: 0.2111 - accuracy: 0.9467 - val_loss: 0.3380 - val_accuracy: 0.8827
Epoch 7/20
30/30 [==============================] - 0s 17ms/step - loss: 0.1963 - accuracy: 0.9560 - val_loss: 0.3598 - val_accuracy: 0.8783
Epoch 8/20
30/30 [==============================] - 1s 17ms/step - loss: 0.1852 - accuracy: 0.9577 - val_loss: 0.3862 - val_accuracy: 0.8688
Epoch 9/20
30/30 [==============================] - 0s 17ms/step - loss: 0.1813 - accuracy: 0.9598 - val_loss: 0.3601 - val_accuracy: 0.8797
Epoch 10/20
30/30 [==============================] - 0s 16ms/step - loss: 0.1656 - accuracy: 0.9683 - val_loss: 0.3645 - val_accuracy: 0.8796
Epoch 11/20
30/30 [==============================] - 0s 16ms/step - loss: 0.1640 - accuracy: 0.9685 - val_loss: 0.4022 - val_accuracy: 0.8683
Epoch 12/20
30/30 [==============================] - 1s 17ms/step - loss: 0.1608 - accuracy: 0.9688 - val_loss: 0.3802 - val_accuracy: 0.8796
Epoch 13/20
30/30 [==============================] - 1s 17ms/step - loss: 0.1484 - accuracy: 0.9757 - val_loss: 0.3913 - val_accuracy: 0.8786
Epoch 14/20
30/30 [==============================] - 1s 17ms/step - loss: 0.1488 - accuracy: 0.9747 - val_loss: 0.4264 - val_accuracy: 0.8715
Epoch 15/20
30/30 [==============================] - 1s 18ms/step - loss: 0.1420 - accuracy: 0.9771 - val_loss: 0.4240 - val_accuracy: 0.8691
Epoch 16/20
30/30 [==============================] - 1s 18ms/step - loss: 0.1368 - accuracy: 0.9785 - val_loss: 0.4379 - val_accuracy: 0.8705
Epoch 17/20
30/30 [==============================] - 1s 18ms/step - loss: 0.1361 - accuracy: 0.9813 - val_loss: 0.4255 - val_accuracy: 0.8728
Epoch 18/20
30/30 [==============================] - 1s 17ms/step - loss: 0.1345 - accuracy: 0.9797 - val_loss: 0.4505 - val_accuracy: 0.8662
Epoch 19/20
30/30 [==============================] - 1s 17ms/step - loss: 0.1324 - accuracy: 0.9795 - val_loss: 0.4405 - val_accuracy: 0.8694
Epoch 20/20
30/30 [==============================] - 1s 18ms/step - loss: 0.1255 - accuracy: 0.9829 - val_loss: 0.4558 - val_accuracy: 0.8651
```

图 5-18

从上图中可以看出，添加正则化后，模型对训练数据的拟合程度有所降低，这表现为在训练集上的准确率相比之前略有下降。这是正则化的预期效果，因为正则化是在损失函数中添加一个惩罚项，从而降低模型的复杂度，使模型不会过度拟合训练数据。

在第 3 个 epoch 之后，验证集的损失开始上升，准确率开始下降，出现了过拟合的迹象。虽然过拟合程度相比之前有所改善（之前在第 6 个 epoch 时就会过拟合），但是模型仍然没有达到期望。

4. 添加 Dropout

Dropout 是神经网络中最有效和最常用的正则化技术之一。对于每个训练样本，每一层的部分神经元节点会被随机丢弃，即在前向传播过程中，部分的贡献会被消除。添加 Dropout 的代码如下：

```
1   from tensorflow.keras.models import Sequential
2   from tensorflow.keras.layers import Dense,Dropout
3
4   # 构建模型
5   model = Sequential()
6
7   # 添加输入层，有 16 个神经元，使用 relu 激活函数，输入数据的形状为 10000
```

```
8  model.add(Dense(16,activation='relu',input_shape=(10000,)))
9
10  # 添加 Dropout 层，Dropout 率为 0.5，这意味着在训练过程中随机将 50%的神经元丢
弃，以防止过拟合
11  model.add(Dropout(0.5))
12
13  # 添加隐藏层，有 16 个神经元，使用 relu 激活函数
14  model.add(Dense(16,activation='relu'))
15
16  # 再添加一个 Dropout 层，Dropout 率同样为 0.5
17  model.add(Dropout(0.5))
18
19  # 添加输出层，有 1 个神经元，使用 sigmoid 激活函数进行二分类，输出一个介于 0~1
的概率
20  model.add(Dense(1,activation='sigmoid'))
21
```

在上述代码中，模型的两个隐藏层之后都添加了 Dropout 层。Dropout 层会在训练过程中随机丢弃一部分神经元的输出，以防止过拟合。

上述代码的执行结果如图 5-19 所示。

```
Epoch 1/20
30/30 [==============================] - 5s 109ms/step - loss: 0.6481 - accuracy: 0.6083 - val_loss: 0.5617 - val_accuracy: 0.8285
Epoch 2/20
30/30 [==============================] - 1s 22ms/step - loss: 0.5403 - accuracy: 0.7389 - val_loss: 0.4348 - val_accuracy: 0.8612
Epoch 3/20
30/30 [==============================] - 1s 19ms/step - loss: 0.4505 - accuracy: 0.8059 - val_loss: 0.3561 - val_accuracy: 0.8766
Epoch 4/20
30/30 [==============================] - 1s 19ms/step - loss: 0.3833 - accuracy: 0.8469 - val_loss: 0.3044 - val_accuracy: 0.8817
Epoch 5/20
30/30 [==============================] - 1s 18ms/step - loss: 0.3347 - accuracy: 0.8772 - val_loss: 0.2885 - val_accuracy: 0.8845
Epoch 6/20
30/30 [==============================] - 1s 18ms/step - loss: 0.2900 - accuracy: 0.9015 - val_loss: 0.2774 - val_accuracy: 0.8892
Epoch 7/20
30/30 [==============================] - 1s 20ms/step - loss: 0.2579 - accuracy: 0.9167 - val_loss: 0.2776 - val_accuracy: 0.8892
Epoch 8/20
30/30 [==============================] - 1s 21ms/step - loss: 0.2200 - accuracy: 0.9294 - val_loss: 0.2736 - val_accuracy: 0.8892
Epoch 9/20
30/30 [==============================] - 1s 18ms/step - loss: 0.2024 - accuracy: 0.9365 - val_loss: 0.2788 - val_accuracy: 0.8870
Epoch 10/20
30/30 [==============================] - 1s 19ms/step - loss: 0.1819 - accuracy: 0.9428 - val_loss: 0.3086 - val_accuracy: 0.8856
Epoch 11/20
30/30 [==============================] - 1s 17ms/step - loss: 0.1644 - accuracy: 0.9491 - val_loss: 0.3275 - val_accuracy: 0.8852
Epoch 12/20
30/30 [==============================] - 1s 17ms/step - loss: 0.1468 - accuracy: 0.9538 - val_loss: 0.3386 - val_accuracy: 0.8860
Epoch 13/20
30/30 [==============================] - 1s 17ms/step - loss: 0.1344 - accuracy: 0.9573 - val_loss: 0.3619 - val_accuracy: 0.8859
Epoch 14/20
30/30 [==============================] - 1s 17ms/step - loss: 0.1214 - accuracy: 0.9631 - val_loss: 0.3787 - val_accuracy: 0.8863
Epoch 15/20
30/30 [==============================] - 1s 17ms/step - loss: 0.1127 - accuracy: 0.9650 - val_loss: 0.4066 - val_accuracy: 0.8832
Epoch 16/20
30/30 [==============================] - 1s 18ms/step - loss: 0.1071 - accuracy: 0.9656 - val_loss: 0.4042 - val_accuracy: 0.8861
Epoch 17/20
30/30 [==============================] - 1s 17ms/step - loss: 0.0971 - accuracy: 0.9709 - val_loss: 0.4573 - val_accuracy: 0.8795
Epoch 18/20
30/30 [==============================] - 1s 19ms/step - loss: 0.0913 - accuracy: 0.9742 - val_loss: 0.4533 - val_accuracy: 0.8844
Epoch 19/20
30/30 [==============================] - 1s 18ms/step - loss: 0.0818 - accuracy: 0.9745 - val_loss: 0.5331 - val_accuracy: 0.8785
Epoch 20/20
30/30 [==============================] - 1s 17ms/step - loss: 0.0805 - accuracy: 0.9738 - val_loss: 0.5163 - val_accuracy: 0.8827
```

D:\DeskFile\书籍\机器学习入门实战\Code\MyPythonCode\项目三自然语言处理>

图 5-19

添加 Dropout 后，模型在训练集上的表现相比之前有所降低，这是由于 Dropout 会在训练过程中随机关闭一部分神经元，这可以有效防止过拟合。然而，尽管添加了 Dropout，但是模型在验证集上的表现仍然显示出过拟合的迹象。在第 6 个 epoch 之后，验证集的损失开始增加，准确率开始下降。

这表明虽然 Dropout 可以缓解过拟合，但是并不能完全防止过拟合。在这种情况下，可能需要考虑使用更多的方法应对过拟合。

此外，虽然 Dropout 可以提高模型的泛化能力，但也可能会使训练过程变得更加不稳定。在某些情况下，可能需要通过调整 Dropout 率找到最佳平衡点。

上面这些技术都是控制模型过拟合的重要方法，选择哪种方法取决于具体的应用场景。在实际应用中，可能需要尝试多种方法，才找到最适合模型的优化方法。

5.3.6　结果解释

在解释深度学习模型的结果时，应主要关注如下两个方面。

1．模型性能

模型性能通常通过准确率、损失函数值等进行评估。在上述训练中，模型在训练集上的准确率超过了 90%，在验证集上的准确率超过了 85%。这表明模型的预测性能已经相当不错，具有一定的泛化能力。

2．过拟合与欠拟合

若模型在训练集上表现很好，但在验证集上表现差，通常会认为模型出现了过拟合。若模型在训练集和验证集上表现都不好，可能出现欠拟合。在前面的例子中，使用了 Dropout、L2 正则化、早期停止等技术防止过拟合，从而改善模型在验证集上的表现。

有时候，模型在某些样本上表现好，在其他样本上表现较差，这可能涉及数据的复杂性、模型的复杂性、选择的优化策略等多种因素。即使模型的总体性能很好，也可能存在一些模型难以处理的样本。这就需要进一步分析原因，并根据原因调整模型或改进数据。

5.4　项目四：新闻主题分类

新闻主题分类项目将探讨如何使用机器学习进行新闻主题的分类。对新闻文章进行主题分类是一个常见的 NLP 问题，有着广泛的实际应用，如新闻推荐、搜索引擎、内容管理等。

下面将基于新闻文章的内容，将新闻文章分类到正确的主题中。例如，一个关于国际政治的新闻文章应该被归为"政治"主题，一个关于体育赛事的新闻应该被归为"体育"主题。在本项目中，用户将会面临许多有关 NLP 的常见挑战，如文本预处理、词向量表达、文本分类等。

5.4.1 数据获取与理解

本项目将使用公开的 20 Newsgroups 数据集，该数据集是一个常用的文本分类数据集，包含约 20000 篇新闻文章，这些文章被分为 20 个主题。

首先需要获取 20 Newsgroups 数据集。该数据集已经被广泛接受并用于研究，被包含在许多数据科学和机器学习库中。可用以下代码获取 20 Newsgroups 数据集：

```
1    from sklearn.datasets import fetch_20newsgroups
2
3    # 加载训练集，第一次加载的时间较长
4    newsgroups_train = fetch_20newsgroups(subset='train')
5
6    # 打印第一篇新闻文章
7    print(newsgroups_train.data[0])
8
9    # 打印第一篇新闻文章的主题
10   print(newsgroups_train.target[0])
11
```

fetch_20newsgroups()函数会从互联网下载数据，并将下载的数据加载为一个 Python 对象。此对象包含一个 data 列表，该列表包含所有的新闻文章，同时还包含一个 target 列表，列表中包含所有文章的主题标签。这些标签是整数形式的，每个整数代表一个主题。

上述代码的执行结果如图 5-20 所示。

如果想要手动下载数据集，则可从其官方网站或其他在线资源下载。以下是从官方网站下载 20 Newsgroups 的步骤。

（1）访问 20 Newsgroups 数据集的官方网站。

（2）单击想要下载的数据集链接。

```
D:\DeskFile\书籍\机器学习入门实战\Code\MyPythonCode\项目四新闻主题分类>python 数据获取.py
From: lerxst@wam.umd.edu (where's my thing)
Subject: WHAT car is this!?
Nntp-Posting-Host: rac3.wam.umd.edu
Organization: University of Maryland, College Park
Lines: 15

 I was wondering if anyone out there could enlighten me on this car I saw
the other day. It was a 2-door sports car, looked to be from the late 60s/
early 70s. It was called a Bricklin. The doors were really small. In addition,
the front bumper was separate from the rest of the body. This is
all I know. If anyone can tellme a model name, engine specs, years
of production, where this car is made, history, or whatever info you
have on this funky looking car, please e-mail.

Thanks,
- IL
   ---- brought to you by your neighborhood Lerxst ----
```

图 5-20

（3）将下载的文件保存到计算机中。下载的文件为“.tar.gz”格式。

（4）解压下载的文件。

（5）使用 Python 的 os 和 glob 库读取解压后的文件。

> **注意**
>
> fetch_20newsgroups()函数提供了一种方便的方式访问数据集，并进行一些预处理，如删除邮件头部和引用。如果手动下载 20 Newsgroups 数据集，则需要自己进行这些预处理。

在进行文本预处理之前，首先需要分析数据。

1．数据的结构和大小

首先，获取数据集中新闻文章的数量和基本结构。代码如下：

```
1   # 显示数据的大小
2   print(f"Total number of articles: {len(newsgroups_train.data)}")
3
4   # 查看前几篇新闻文章，以理解其基本结构
5   for i in range(3):
6       print(f"Article {i+1}:\n{newsgroups_train.data[i]}\n")
7
```

2. 检查数据中的特殊情况

检查数据中是否存在缺失值或异常值是非常重要的。在文本数据中，空白的文章或过短的文章可能是异常值。代码如下：

```
1    # 查找空白或过短的文章
2    # 使用列表推导式筛选 newsgroups_train.data 中的文章，筛选条件为文章分词后的
长度小于 5。这样的文章可能是空白的或只包含少数几个词，因此被视为过短的文章。
3    short_articles = [article for article in newsgroups_train.data if
len(article.split()) < 5]
4    print(f"Number    of    exceptionally    short    articles:    {len(short_
articles)}")
5
```

3. 新闻文章的结构

理解文章的结构对后续的预处理很有帮助。如果新闻文章常常以特定格式开头或包含大量元数据，则用户可能需要在预处理的过程中考虑如何处理这些内容：

```
1    # 选择一篇文章进行详细分析
2    sample_article = newsgroups_train.data[0]
3    print(sample_article)
4
```

上面这段代码可能输出一些新闻文章开头的格式，如标题、作者、日期等，以及文章内容中的段落结构、引用等。

4. 分布情况

```
1    # 导入必要的库
2    import numpy as np
3    import matplotlib.pyplot as plt
4
5    # 使用 unique 函数计算各个主题的文章数量
6    # unique 返回所有不同的主题，counts 是每个主题对应的文章数
7    unique,counts = np.unique(newsgroups_train.target,return_counts=True)
8
9    # 创建条形图，展示各主题的文章分布
10   plt.bar(unique,counts)    # 创建条形图，x 轴为主题 ID，y 轴为对应的文章数
11   plt.xlabel('Topic ID')    # 设置 x 轴标签为 Topic ID
```

```
12 plt.ylabel('Number of Articles')  # 设置 y 轴标签为 Number of Articles
13 plt.title('Distribution of Articles Across Topics')  # 设置图标题为
Distribution of Articles Across Topics
14 plt.show()  # 显示图表
15
```

上述代码展示了 newsgroups_train 数据集中各个主题的文章分布情况，并计算了每个主题有多少篇文章，使用条形图可视化这些数据，如图 5-21 所示。

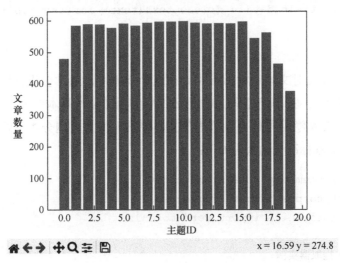

图 5-21

5.4.2　数据预处理

在本项目中，用户的原始数据是文本数据，因此，需要进行数据预处理，包括文本清洗、文本标准化、词袋模型等。文本标准化将文本数据转换为统一、标准的形式，这对文本分析和文本挖掘任务至关重要，因为不同的数据源和用户可能以不同的方式书写或表述相同的内容。词袋模型是一种将文本数据转化为数值型数据的方法，它忽视词序和语法，只关注每个词语在文本中出现的频率。

首先，为了去除可能对模型产生干扰的无关信息，用户需要对文本进行清洗，包括移除标点符号、数字、特殊字符，以及将所有的文本转换为小写。可以使用 Python 的正则表达式库 re 和字符串处理函数完成这一步。

```
1  import re
2
```

```
3    # 定义文本清洗函数
4    def clean_text(text):
5        text = text.lower()  # 将文本转换为小写
6        text = re.sub(r'\d+','',text)  # 去除数字
7        text = re.sub(r'\W+',' ',text)  # 去除非单词字符，如标点符号
8        return text
9
10   # 对所有新闻文章进行文本清洗
11   newsgroups_train.data = [clean_text(text) for text in newsgroups_
train.data]
12
```

接下来，需要对文本进行标准化。在这个步骤中，通常会进行词干提取、词形还原、去除停用词。词干提取和词形还原将词语转化为基本形式，如将 running 转化为 run；去除停用词是去除那些在文本中常见但对主题分类无帮助的词，如 the、is、at。文本标准化的代码如下：

```
1    from nltk.stem import PorterStemmer
2    from nltk.corpus import stopwords
3    from nltk.tokenize import word_tokenize
4
5    # 创建词干提取器实例
6    stemmer = PorterStemmer()
7
8    # 从 NLTK 库中加载英文的停用词列表
9    stop_words = set(stopwords.words('english'))
10
11   # 定义文本标准化函数
12   def normalize_text(text):
13       # 使用 NLTK 库进行单词标记化
14       words = word_tokenize(text)
15
16       # 提取每个单词的词干，并过滤出停用词
17       words = [stemmer.stem(word) for word in words if word not in
stop_words]
18
19       # 将经过处理的单词重新组合成文本
20       return ' '.join(words)
21
```

```
22  # 对所有新闻文章进行文本标准化处理
23  newsgroups_train.data = [normalize_text(text) for text in newsgroups_
train.data]
24
```

上述代码中涉及 stopwords 资源，本地计算机没有默认没有该资源，可以使用 NLTK 下载器下载资源，下载方式如下：

```
1  import nltk
2  nltk.download('stopwords')
3
```

最后，将文本数据转化为数值数据，便于处理模型。可以使用词袋模型完成这一步。词袋模型将文本转化为一个向量，向量的每个元素对应一个单词，元素的值对应该单词在文本中出现的频率。代码如下：

```
1   from sklearn.feature_extraction.text import CountVectorizer
2
3   # 初始化词袋模型转换器
4   vectorizer = CountVectorizer()
5
6   # 使用词袋模型转换器将新闻文章的文本数据转换为特征向量
7   # fit_transform()方法根据提供的数据学习词汇表，将文本数据转换为特征向量
8   X_train = vectorizer.fit_transform(newsgroups_train.data)
9
10  # 从数据集中获取对应的标签作为训练目标
11  y_train = newsgroups_train.target
12
```

上述代码的执行结果如图 5-22 所示。

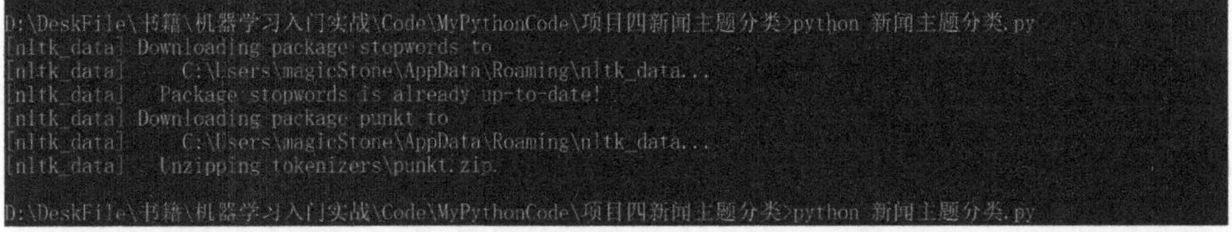

图 5-22

至此，完成了数据预处理工作。接下来将进行特征工程。

处理文本数据的核心工作是将非结构化的文本信息转化为结构化的数值信息，使这些信息能被机器学习模型所使用。此时，向量这一概念变得尤为关键。

向量是一个有序的数字列表，可以用来表示数据点在多维空间中的位置。例如，三维空间中的一个点可以由坐标值（x,y,z）表示。这三个坐标值可以组合成一个向量，如[2,3,5]。

同样地，在处理文本数据时，词袋模型创建了一个多维空间，每个维度对应一个特定的单词。因此，每篇文档或文本片段都可以在这个空间中表示为一个点，即一个向量。此向量的长度等于用户词汇表中单词的数量，每个元素的值对应于该单词在特定文档中出现的频率。

假设有一个简单的词汇表，它只包含三个单词：apple、banana、cherry。对于文本"apple banana banana"，其相应的向量为[1,2,0]，因为 apple 出现了一次，banana 出现了两次，cherry 没有出现。这种将文本转化为数值向量的方法允许机器学习算法（如分类器）在文本数据上工作。

5.4.3 特征工程

在处理文本数据时，特征工程的操作步骤与传统的机器学习任务略有不同。事实上，在数据预处理的步骤时已经完成了一部分特征工程工作，如文本清洗和文本标准化，以及使用词袋模型进行特征提取。除了词袋模型，还可以使用其他技术，从文本数据中提取更丰富的特征。

1．TF-IDF

TF-IDF 是 Term Frequency-Inverse Document Frequency 的缩写，是一种常见的文本挖掘和信息检索领域的权重计算方法。TF-IDF 由两部分组成：词频（Term Frequency，TF）和逆文档频率（Inverse Document Frequency，IDF）。

词频是指某一个给定的词在某文件中出现的次数。这个数字通常会被归一化（一般是词频除以文章总词数）处理，以防偏向长的文件。

如果包含词条的文档越少，逆文档频率越大，则说明词条具有很好的类别区分能力。某一特定词语的逆文档频率可以由总文件数目除以包含该词语之文件的数目，再将得到的商取对数得到。

通常，TF-IDF 的值越大，这个词在文本中的重要程度越高。TF-IDF 通常用于高亮显示关键词，以及作为一种特征选取方法。

在 Scikit-Learn 的文本处理模块中，有一个类为 TfidfVectorizer。TfidfVectorizer 类继承自 CountVectorizer 类，是一种文本特征抽取方法。TfidfVectorizer 类使用 TF-IDF 衡量每个词的重要性，并将原始文本转化为 TF-IDF 的向量，这些向量可作为机器学习算法的输入特征。使用 TF-IDF 的代码如下：

```
1  from sklearn.feature_extraction.text import TfidfVectorizer
2
3  # 创建 TfidfVectorizer 实例
4  vectorizer = TfidfVectorizer(max_features=10000)
5
6  # 将新闻内容转化为特征表示
7  features = vectorizer.fit_transform(newsgroups_train.data)
8
9  # 将新闻主题标签作为目标数据
10 labels = newsgroups_train.target
11
```

2. 主题模型

主题模型是 NLP 中的一种常用模型，目的是找出隐藏在文本集合中的主题。主题可以被视为关于一堆词的概率分布，这些词在一起出现的概率比其他词高。文本可以被看作是这些主题的混合体，其中每个主题有特定的权重。

其中，隐含狄利克雷分布（Latent Dirichlet Allocation，LDA）是最知名的主题模型之一。文档根据 LDA，先选择一组主题，根据文档层级的多项式分布，对文档中的每个单词都选择一个主题，并从该主题对应的单词分布中选择一个单词。

在 Python 的机器学习库 Scikit-Learn 中，decomposition 模块提供各种数据降维和特征提取方法。其中，LatentDirichletAllocation 类是实现 LDA 主题模型的工具。

使用 LatentDirichletAllocation 类时，用户首先需要构建一个文档–词矩阵。在这个矩阵中，每一行代表一个文档，每一列代表一个词，每个单元格的值通常代表该词在相应文档中出现的频率。

当用户对此矩阵进行 LDA 训练后，模型将提供如下内容。

- 每个主题的词分布：每个主题下各个词的重要性或权重。
- 每个文档的主题分布：每个文档对应主题的权重或占比。

这两种分布都可以作为特征，在后续的机器学习任务中使用，如在文档分类任务或推荐系统任务中使用。

为了获得最佳效果，通常需要对文档进行预处理，如删除停用词、进行词干提取或词性还原。此外，选择合适的主题数量和调整 LDA 的其他参数也是成功应

165

用 LDA 的关键。使用 LDA 的代码如下：

```
1  from sklearn.decomposition import LatentDirichletAllocation
2
3  # 创建 LDA 模型
4  lda = LatentDirichletAllocation(n_components=10,random_state=0)
5
6  # 使用 LDA 模型提取主题特征
7  X_train = lda.fit_transform(X_train)
8
```

特征工程是机器学习任务中非常重要的一步，会直接影响模型的性能。在实际项目中，可能需要尝试多种不同的特征工程，以找到最适合问题的方法。在完成特征工程之后，可以开始进行模型的构建与训练。

5.4.4　模型构建与训练

在完成数据的预处理和特征工程后，需要选择合适的机器学习模型，并提取特征进行模型训练。在文本分类问题中，经常使用的模型包括朴素贝叶斯分类器、支持向量机、逻辑回归、随机森林等。

1. 朴素贝叶斯分类器

朴素贝叶斯分类器是一种建立在贝叶斯定理基础上的简单概率分类器，该分类器的"朴素"之处在于朴素贝叶斯分类器做了一个大胆的假设，即特征之间是条件独立的。尽管这个假设在实际应用中很少成立，但朴素贝叶斯分类器在许多实际情境中仍然表现出色，特别是在文本分类和垃圾邮件过滤等应用中，表现非常不错。

在处理文本数据时，朴素贝叶斯分类器经常与词袋模型结合使用。词袋模型将每个文档视为一个词频向量，而不考虑结构或单词顺序信息。词袋模型适合与朴素贝叶斯分类器进行配合使用，因为朴素贝叶斯分类器只关心特征（即单词）出现的频率。

Scikit-Learn 库为朴素贝叶斯分类器提供了几个实现，其中 MultinomialNB 是最适合文本数据的。这是因为文本数据的特征（即单词出现的频率）往往遵循多项式分布。通过使用 MultinomialNB，用户可以轻松训练文本分类器，并预测新文档的类别。

为了提高朴素贝叶斯分类器的效果，通常需要进行文本预处理，如词干提取、停用词去除和词性还原。此外，尽管朴素贝叶斯分类器的参数较少，但合适的参数选择仍能进一步提高其性能。

```
1   from sklearn.model_selection import train_test_split
2   from sklearn.naive_bayes import MultinomialNB
3   from sklearn import metrics
4
5   # 划分数据集为训练集和验证集
6   X_train,X_val,y_train,y_val  =  train_test_split(features,labels,
    test_size=0.2,random_state=42)
7
8   # 创建朴素贝叶斯分类器
9   clf = MultinomialNB()
10
11  # 训练模型
12  clf.fit(X_train,y_train)
13
14  # 预测验证集
15  pred = clf.predict(X_val)
16
17  # 计算准确率
18  acc = metrics.accuracy_score(y_val,pred)
19
20  # 打印
21  print("accuracy is:", acc)
22
```

上述代码的执行结果如图 5-23 所示。

图 5-23

在本项目中，模型在验证集上的准确率为 0.8722934158197083，这意味着模型在验证集上预测正确的新闻主题分类约占 87.23%。这是一个相当高的准确率，说明用户的模型在新闻主题分类项目上的表现是相当好的。

值得注意的是，虽然准确率是一个非常直观的评估指标，但它无法很好地反映模型在各个类别上的表现，特别是在类别不平衡的情况下。

2．支持向量机

支持向量机（SVM）是一种强大的分类器，它试图找到一个超平面最大化正负样本间的间隔。SVM 对特征维度较高的数据具有较好的鲁棒性，用户可以使用 SVC 实现支持向量机。

3．逻辑回归

虽然逻辑回归的名字中有"回归"两个字，但它实际上是一种分类算法。逻辑回归试图学习一个逻辑函数预测样本属于某个类别的概率。用户可以使用 LogisticRegression 类实现逻辑回归。

4．随机森林

随机森林是一种集成学习方法，它通过集成多个决策树进行预测。随机森林对不平衡的数据集具有良好的性能。用户可以使用 RandomForestClassifier 类实现随机森林。

选择哪种模型取决于问题本身的特性和数据的特性。在实际项目中，需要尝试多种不同的模型，以找到最适合问题的模型。在选择模型之后，可以使用训练集对模型进行训练，并使用验证集对模型的性能进行评估。

5.4.5　模型评估与优化

在项目中，模型在验证集上已经取得了相当不错的准确率，但用户仍然希望探索是否有进一步提升模型性能的可能。下面介绍一些提升模型性能的策略。

1．调整模型参数

许多机器学习模型都有一些可以调整的参数，这些参数被称为超参数。超参数并不是通过模型训练得到的，而是在训练前设定的。这些超参数的设定对模型的性能有着重要影响。

例如，在决策树模型中，最大深度（max_depth）就是一个重要的超参数，它决定了树可以分裂的最大深度。在逻辑回归模型中，正则化系数（即正则化强度的倒数）是一个重要的超参数，它控制了模型的正则化强度，用于防止模型过拟合。

为了找到最佳的超参数，用户通常需要进行一些搜索和优化。常见的方法包括交叉验证和网格搜索。交叉验证是一种模型评估方法，通过将数据集分为训练集和验证集，并经过多次训练和验证，可获得模型的平均性能。网格搜索是一种超参数优化技术，通过在指定的超参数空间中进行穷举搜索，找到性能最佳的超参数组合。

在 Scikit-Learn 中，GridSearchCV 和 RandomizedSearchCV 是两个主要用于超参数搜索和优化的工具，它们都支持交叉验证，可确保模型的泛化性能。

（1）GridSearchCV

- 网格搜索：遍历给定的超参数组合。如果某个超参数提供了 10 个可能的值，另一个超参数提供了 5 个可能的值，则 GridSearchCV 将尝试所有 50 种可能的组合。
- 交叉验证：每个超参数组合都会使用交叉验证评估模型的性能。例如，如果使用 3-fold CV，则每个超参数组合都会在三个不同的数据子集上进行训练和验证，从而确保选择的超参数不仅仅只适应某个特定的训练子集。

（2）RandomizedSearchCV

RandomizedSearchCV 即随机搜索。与网格搜索不同，随机搜索并不尝试所有的参数组合，而是从指定的分布中随机选取一定数量的参数组合进行试验。这种方法在参数空间很大时特别有用，因为它允许用户指定迭代次数，如 100 次迭代，并可随机选择和测试超参数组合。

这种方法的主要优势是在相同次数的迭代中，随机搜索能探索更多参数空间，有时可以更快地找到比网格搜索更好的参数组合。

2. 特征工程

目前，已对文本数据进行了一定的预处理和特征提取工作，如清洗、标准化、使用词袋模型，还可能存在其他有效的特征提取方法。例如，可以尝试使用词向量模型，如 Word2Vec、GloVe，或使用更复杂的预训练模型，如 BERT。

Word2Vec 是一种将词语转换为向量的模型，它能捕捉词语之间的语义和语法关系。GloVe 是另一种词向量模型，它通过全局统计信息生成词向量，因此它能更好地捕捉词语之间的相关性。BERT 是一种更为复杂的预训练模型，它能理解词语的上下文含义，这对许多 NLP 任务来说非常有用。

此外，还可以利用 NLP 进一步提取信息。例如，词性标注可以告诉用户一个词在句子中的语法功能，如名词、动词、形容词等；命名实体识别可以帮助用户识别出文本中的人名、地名、组织名等特定类别的实体。这些技术都能为模型提供更丰富的信息。

3. 尝试不同的模型

除了逻辑回归模型，还有许多其他类型的模型可以用于文本分类任务，如支持向量机、随机森林、梯度提升树（GBDT）、神经网络等。每种模型都有适用的情况，可能在某些特定的任务上表现优异。

4. 集成学习

集成学习是一种组合多个模型的策略，通过使多个模型"投票"，决定最终的预测结果。这种方法通常可以有效地提高模型的性能，特别是对于那些模型性能相差不大的任务，性能提升更为显著。

下面是采用网格搜索对模型进行调参的代码：

接下来，优化之前的模型。

```
1  from sklearn.model_selection import GridSearchCV
2  from sklearn.linear_model import LogisticRegression
3
4  parameters = {
5      'C': [0.1,1,10,100], # C 是逻辑回归中的正则化参数，值越小，模型的正则化程度越高
6      'solver': ['newton-cg','lbfgs','liblinear','sag','saga'], # solver 决定了逻辑回归损失函数的优化方法，有五种优化算法选择
7  }
8
9  # 使用 5-fold 交叉验证的方法，创建 GridSearchCV 对象，使用的模型是逻辑回归模型，评价指标是准确率
10 grid_search = GridSearchCV(LogisticRegression(),parameters,cv=5,scoring='accuracy')
11 # 使用训练数据拟合 GridSearchCV 对象
12 grid_search.fit(X_train,y_train)
13
14 # 通过 best_params_ 属性得到最优的参数组合
15 best_parameters = grid_search.best_params_
16 # 通过 best_estimator_ 属性得到最优的模型
17 best_model = grid_search.best_estimator_
18
19 print('Best parameters:',best_parameters)
20 print('Best model:',best_model)
21
```

上面的代码对逻辑回归模型的正则化参数和优化算法进行了网格搜索，以期望找到最优的参数组合。网格搜索会遍历所有可能的参数组合，评估每种组合在交叉验证中的性能，并选取性能最好的组合。

上述代码的执行结果如图 5-24 所示。

```
Best parameters: {'C': 100, 'solver': 'liblinear'}
Best model: LogisticRegression(C=100, solver='liblinear')
```

图 5-24

从图 5-24 可以看出，最优的参数组合是 C=100 和 solver='liblinear'。C=100 意味着正则化程度较低，这可能表示数据中的噪声并不多，或模型需要更复杂的边界进行良好的分类。solver 最佳的求解器是 liblinear，liblinear 是专为大数据集设计的。对于小数据集，它也非常高效。

需要注意，虽然网格搜索给出了最佳的参数组合，但这并不意味着模型的性能已经达到最优。用户仍可以尝试其他模型和特征工程，或调整更多参数，从而进一步提高模型的性能。

最后，为了进一步评估这个模型的性能，可以使用验证集或测试集上的数据进行预测，并计算其性能指标，如准确率、召回率、精确度和 F1 分数。这些性能指标会在后续的项目中使用。

5.4.6　结果解释

模型的结果解释是为了理解模型是如何进行预测的，理解哪些特征在决策过程中起到关键作用。对于本项目来说，逻辑回归模型提供了每个特征对应的系数，这些系数可以帮助用户理解每个单词对分类结果的影响。

首先，可以查看模型中权重较高的一些单词，这些单词对某些主题的分类可能有重要影响。在 Scikit-Learn 中，可以使用如下代码查看模型的系数：

```
1  # 从逻辑回归模型中获取系数
2  coefficients = best_model.coef_
3
4  # 从向量化器中获取特征名称，这些特征名称通常是词或词组
5  feature_names = vectorizer.get_feature_names_out()
6
7  # 使用获取的系数和特征名称创建一个新的 DataFrame，方便进行后续分析
8  coef_df = pd.DataFrame(coefficients,columns=feature_names)
```

```
9
10  # 遍历每一个类别或主题
11  # 对于每一个类别，展示有最大影响（即系数最高）的前 10 个单词或词组
12  for i,topic in enumerate(le.classes_):
13      print(f'Top 10 influential words for {topic}:')
14
15      # 使用 nlargest() 函数，找出每个类别中系数最大的 10 个单词，并打印它们
16      print(coef_df.loc[i].nlargest(10))
17      print('\n')
18
```

在上面这段代码中，首先获取模型的系数和向量化器的特征名称，然后将它们组合成一个 DataFrame，最后打印出每个类别系数最高的前 10 个单词。这些单词可能是对新闻主题有较强影响的关键词，对于政治主题，可能包括"政府""选举""法案"等词汇；对于科技主题，可能包括"科技""互联网""公司"等词汇。

除此之外，可以查看一些具体的预测样例，观察模型在预测时是如何使用这些特征的。对于用户的任务，可以选择一些样本，并查看原始文本、预测主题、真实主题。

通过以上方法，不仅可以评估模型的性能，也能理解模型的预测过程，了解哪些因素可能影响预测结果，这对进一步优化模型、改进特征工程、解释模型的预测结果都是非常有帮助的。

5.5 项目五：信用卡欺诈检测

随着电子商务和在线交易的普及，信用卡交易已成为人们日常生活中的重要组成部分。然而，信用卡欺诈行为日益增多，造成了巨大的经济损失。因此，信用卡欺诈检测是金融机构急需解决的问题之一，也是机器学习在金融领域的重要应用之一。

信用卡欺诈检测是一个典型的不平衡分类问题，即正常交易的数量远远大于欺诈交易。这给模型的训练带来了挑战，因为模型可能会偏向于预测主要的类别（正常交易），而忽视较少的类别（欺诈交易）。因此，用户需要选择合适的评估指标，如精准率（Precision）、召回率（Recall）和 F1 分数，而不只是选择准确

率（Accuracy）作为评估指标。同时，用户可能需要采取一些策略处理不平衡的数据，如过采样（Oversampling）、欠采样（Undersampling）或使用特殊的损失函数等。

在信用卡欺诈检测项目中，将使用一个公开的信用卡交易数据集进行欺诈检测。这个数据集包含 284807 笔交易，其中，492 笔是欺诈交易。每笔交易都有 30 个特征，包括时间（Time）、交易金额（Amount），以及由 PCA 转换得到的 28 个特征。本项目的任务是构建一个能有效检测欺诈交易的机器学习模型。

下面介绍信用卡欺诈检测项目的主要步骤。

（1）数据获取与理解：下载并加载数据，对数据进行初步观察和理解。

（2）数据预处理：检查并处理缺失值、异常值等，可能需要进行数据标准化或其他预处理操作。

（3）特征工程：分析各个特征与欺诈交易的关系，可能需要进行特征选择或特征变换。

（4）模型构建与训练：选择合适的机器学习模型进行训练，可能需要进行交叉验证、网格搜索等操作，从而选择最优的模型参数。

（5）模型评估与优化：使用测试集评估模型的性能，分析模型的不足，可能需要进行模型优化、调整预处理数据、特征工程。

（6）结果解释：理解模型的预测结果，分析哪些特征在决策中起到了关键作用。

5.5.1　数据获取与理解

本项目使用的信用卡交易数据集中的特征已经经过 PCA 转换，除了 Time 和 Amount，其他 28 个特征已经被转换为了 V1, V2, V3,…, V28。Time 特征包含每笔交易与第一笔交易之间的时间差，以秒为单位。Amount 特征表示交易金额。Class 是响应变量，如果发生了欺诈，则为 1，否则为 0。

本项目使用的信用卡交易数据集可以从 Kaggle 网站上下载。如图 5-25 所示，打开 Kaggle 官网，在搜索框中输入"Credit Card Fraud Detection"进行搜索，单击右上方的"Download"按钮，即可下载对应的数据集。

下载后的文件是一个压缩包，解压后即可看到一个文件名为 creditcard.csv 的文件，文件中包含了所有的数据集。

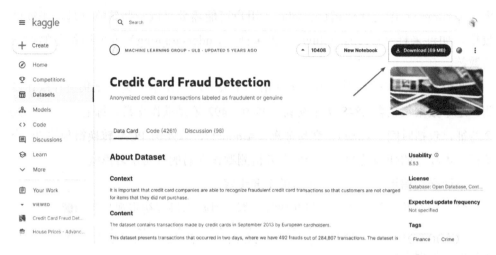

图 5-25

打开 creditcard.csv 文件，进入数据页面，如图 5-26 所示。

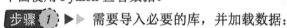

图 5-26

下面使用 Python 查看数据。

步骤 1 ▶▶ 需要导入必要的库，并加载数据：

```
1   import pandas as pd
2   # 加载数据
3   data = pd.read_csv('creditcard.csv')
```

步骤 2 ▶▶ 查看数据的基本信息：

```
1   # 查看数据的基本信息
2   print(data.info())
3
```

上述代码会打印出每个特征的名称、非空的样本数量和数据类型。所有的特征都是数值类型，没有缺失值。代码的执行结果如图 5-27 所示。

图 5-27

步骤 **3** ▶▶ 查看数据的统计信息：

```
1   # 查看统计信息
2   print(data.describe())
```

代码的执行结果如图 5-28 所示。代码会打印出每个特征的数量、均值、标准差、最小值、最大值、25%分位数（位于 25%的数据值，意味着 25%的数据值低于或等于这个值）、50%分位数、75%分位数。可以看出，Amount 特征的范围比较大，可能需要进行标准化。Class 特征的均值接近 0，说明欺诈交易的比例非常低。

图 5-28

步骤 **4** ▶▶ 查看欺诈交易和正常交易的数量：

```
1   print(data['Class'].value_counts())
```

上述代码的执行过程如图 5-29 所示。可以看出，欺诈交易的数量非常少，只有

175

492 笔，而正常交易的数量有 284315 笔。这说明项目面临的是一个不平衡的分类问题。

图 5-29

通过上述步骤，初步获取了数据。接下来进行数据预处理。

5.5.2　数据预处理

数据预处理是数据挖掘和机器学习中至关重要的一步。数据预处理的主要目的是将原始数据转换为更适合算法处理的形式。由于项目的数据集已经被 PCA 转换过，因此用户无须进行过多特征工程，只需要进行一些基础的数据预处理步骤。

首先，需要对 Amount 特征进行标准化。因为 Amount 特征的取值范围比其他特征大得多，如果不对其进行标准化，则可能会影响模型的性能。可使用标准化公式进行标准化。标准化公式为(x-平均值)/标准差，x 代表数据集中 Amount 特征中的每个数值。

```
1   from sklearn.preprocessing import StandardScaler
2
3   # 创建 StandardScaler 对象
4   scaler = StandardScaler()
5
6   # 使用 StandardScaler 的 fit_transform 方法，对数据进行标准化处理
7   # fit_transform 方法首先会计算数据的均值和标准差，然后根据这两个参数,对数据
进行标准化处理
8   # 将数据的每个元素都减去均值，然后除以标准差
9   # ".values.reshape(-1, 1)"将数据的形状变为一列，这是因为 StandardScaler
对象需要接受二维数组作为输入
10  # 最后的处理结果赋值给 data 的 Amount 列
11  data['Amount'] = scaler.fit_transform(data['Amount'].values.reshape
(-1,1))
12
```

在此使用了 sklearn.preprocessing 模块中的 StandardScaler 类。StandardScaler 类是一个可以对特征进行标准化的工具，可对 Amount 特征进行标准化，并将结果

存回原始数据集。

接着，处理类别不平衡问题。由于欺诈交易和正常交易的数量差异很大，如果直接使用原始数据集进行训练，则模型可能会过度倾向于预测多数类，即正常交易，而忽视少数类，即欺诈交易。这在实际应用中是不可接受的，因为用户更关心能否正确识别出欺诈交易。因此，需要使用一些技术处理数据不平衡问题。数据不平衡是指在分类问题中，不同类别的样本数量差距过大。在这种情况下，模型可能会过度倾向于预测数量较多的类别，导致对少数类别的预测性能较差。

这里，使用过采样技术处理数据不平衡问题。具体来说，使用 SMOTE（Synthetic Minority Over-sampling Technique），对少数类别样本进行插值，生成新的少数类别样本，从而平衡类别数量。

```
1   from imblearn.over_sampling import SMOTE
2
3   # 把数据集中所有的特征列（除了 Class 列）赋值给 X，这些特征列将作为模型的输入特征
4   X = data.drop('Class',axis=1)
5
6   # 把数据集中的 Class 列赋值给 y，该列是模型需要预测的目标列
7   y = data['Class']
8
9   # 创建 SMOTE 对象，用于生成新的样本，参数 random_state 设为 42，保证重复运行时
可以得到相同的结果
10  smote = SMOTE(random_state=42)
11
12  # 使用 SMOTE 对象的 fit_resample 方法，对数据进行重采样，该方法会生成新的样
本，以平衡数据集
13  # fit_resample 方法接受两个参数：输入特征 X 和目标列 y，返回值为经过重采样后的
输入特征 X_res 和目标列 y_res
14  X_res,y_res = smote.fit_resample(X,y)
15
```

在上述代码中，首先将特征和标签分开，然后使用 SMOTE 进行过采样，最后得到了均衡的特征和标签。至此，完成了数据预处理。接下来，进行特征工程。

5.5.3　特征工程

特征工程是指将原始数据转换为特征的过程，这些特征可以更好地描述潜在的问题，也可以在机器学习算法中使用。好的特征工程可以提升模型的性能。

本项目中，所有的特征已经通过 PCA 进行了转换，在进行特征工程时，并不需要做过多的处理。

在本项目中并没有手动进行特征工程。需要注意特征的选择。对于高维数据，如果用户试图使用所有的特征训练模型，则可能会出现过拟合的问题，即模型过于复杂。这样对训练数据拟合得过好，对新的、未见过的数据泛化能力差。为了避免过拟合，用户可以使用部分特征选择技术，如递归特征消除（RFE）、基于模型的特征选择等，从而选择最重要的特征。

5.5.4　模型构建与训练

这里使用逻辑回归构建模型。逻辑回归是一种常见的分类方法，虽然其模型形式简单，但在处理二分类问题，尤其是正负样本不均衡的问题上，逻辑回归常常能取得不错的效果。使用逻辑回归的代码如下：

```
1    # 导入所需的库
2    from sklearn.model_selection import train_test_split
3    from sklearn.linear_model import LogisticRegression
4    from sklearn.metrics import classification_report
5
6    # 数据划分
7    X = X_res
8    y = y_res
9    X_train,X_test,y_train,y_test  =  train_test_split(X,y,test_size=0.2,
random_state=42)
10
11   # 构建逻辑回归模型
12   lr_model = LogisticRegression()
13
14   # 训练模型
15   lr_model.fit(X_train,y_train)
16
17   # 预测测试集
18   y_pred = lr_model.predict(X_test)
19
20   # 输出结果
21   print("y_test is: ", y_test)
22   print("y_pred is: ", y_pred)
23
```

上述代码的执行结果如图 5-30 所示。从前几行的警告可以看出，模型没有收敛，需要评估和优化。后面几行输出测试集的原始数据和预测结果。

```
D:\softWare\Python_3.11.4\Lib\site-packages\sklearn\linear_model\_logistic.py:458: ConvergenceWarning: lbfgs failed to converge (status=1):
STOP: TOTAL NO. of ITERATIONS REACHED LIMIT.

Increase the number of iterations (max_iter) or scale the data as shown in:
    https://scikit-learn.org/stable/modules/preprocessing.html
Please also refer to the documentation for alternative solver options:
    https://scikit-learn.org/stable/modules/linear_model.html#logistic-regression
  n_iter_i = _check_optimize_result(
y_test is:  437378    1
504222      1
4794        0
388411      1
424512      1
           ..
172633      0
183013      0
484066      1
426713      1
272068      0
Name: Class, Length: 113726, dtype: int64
y_pred is:  [1 1 0 ... 1 1 0]
```

图 5-30

　　在上述代码中，首先将数据集划分为训练集和测试集，其中 80%的数据用于训练，剩余 20%的数据用于测试。然后，使用 LogisticRegression 方法构建一个 LogisticRegression 模型。最后，使用训练数据对模型进行训练，即通过 fit 方法，输入训练数据 X_train 和对应的标签 y_train。

> **注意**
>
> 　　如果在训练的过程中出现提示 "ConvergenceWarning: lbfgs failed to converge (status=1):STOP: TOTAL NO. of ITERATIONS REACHED LIMIT."，则说明在使用 Scikit-Learn 的 LogisticRegression 模型时，模型没有收敛。
>
> 　　收敛是指模型在训练数据上找到了最佳参数。如果模型没有收敛，则意味着模型可以通过进一步训练改善其性能，如通过增加迭代次数解决。在 LogisticRegression 模型中，可以通过增加 max_iter 参数的值，增加模型的训练次数。这可以使模型有更多机会去找到最佳参数。

　　在训练模型后，可以利用该模型对测试集进行预测，即通过 predict 方法输入测试数据 X_test，得到预测结果 y_pred。

　　至此，已经成功构建项目的模型，并完成训练，接下来对模型进行评估与优化。

5.5.5　模型评估与优化

1. 原始模型评估

　　在完成模型的训练之后，需要对模型的性能进行评估。在这个项目中，可以使用准确率、召回率、精确度和 F1 分数作为评估指标。当评估模型在正负样本上的性能时，评估指标非常重要，特别是对于本项目这样的不平衡数据集，模型的准确率并不能反映出模型的真实性能，精确度、召回率和 F1 分数能更好地反映出模型在少数类（欺诈交易）上的识别能力。

此外，混淆矩阵也是一种常用的评估模型性能的工具。混淆矩阵可以显示模型对每个类别的预测情况。以下是模型评估的代码：

```
1  from sklearn.metrics import classification_report,confusion_matrix
2
3  # classification_report 函数将为每个类别生成一个报告，包括准确率、召回率、
F1 分数、类别的样本数量
4  # y_test 是真实的标签，y_pred 是模型预测的标签
5  print(classification_report(y_test,y_pred))
6
7  # confusion_matrix 函数将生成一个混淆矩阵，用于展示模型的性能
8  # 混淆矩阵中的每一行对应一个真实的类别，每一列对应一个预测的类别
9  # 对角线上的元素表示模型正确分类的样本数量，非对角线上的元素表示被模型错误分类
的样本数量
10 # 在二分类问题中，混淆矩阵的形状为 (2，2)，包含四个元素：真正例 (TP)、假正例
(FP)、真负例 (TN) 和假负例 (FN)
11 cm = confusion_matrix(y_test,y_pred)
12 print(cm)
13
```

上述代码的执行结果如图 5-31 所示。

```
D:\softWare\Python_3.11.4\Lib\site-packages\sklearn\linear_model\_logistic.py:458: ConvergenceWarning: lbfgs failed to converge (status=1):
STOP: TOTAL NO. of ITERATIONS REACHED LIMIT.

Increase the number of iterations (max_iter) or scale the data as shown in:
    https://scikit-learn.org/stable/modules/preprocessing.html
Please also refer to the documentation for alternative solver options:
    https://scikit-learn.org/stable/modules/linear_model.html#logistic-regression
  n_iter_i = _check_optimize_result(
              precision    recall  f1-score   support

          0       0.97      0.98      0.98     56750
          1       0.98      0.97      0.97     56976

   accuracy                           0.97    113726
  macro avg       0.97      0.97      0.97    113726
weighted avg      0.97      0.97      0.97    113726

[[55662  1088]
 [ 1766 55210]]
```

图 5-31

从上述的输出结果看，模型的性能较高，原因如下。

● 模型整体的准确率（accuracy）达到了 0.97，表示模型在所有样本中的正确分类比例。

- 在正常交易（标记为 0）这个类别上，模型的精确度（precision）为 0.97，召回率（recall）为 0.98，F1 分数（f1-score）为 0.98。这些指标表明模型在正常交易这个类别上的预测性能非常好。
- 在欺诈交易（标记为 1）这个类别上，模型的精确度（precision）为 0.98，召回率（recall）为 0.97，F1 分数（f1-score）为 0.97。这些指标表明模型在欺诈交易这个类别上的预测性能也非常好。
- 从混淆矩阵中可以看出，模型在正常交易上的误分类数量（1088）和在欺诈交易上的误分类数量（1766）都相对较少。

尽管上述评估指标比较理想，但是需要注意，本项目使用的数据集是不平衡的，而用户采用的过采样方法可能过度放大了少数类（欺诈交易）的影响，导致模型在这个类别上的性能看起来非常好。因此，在实际应用中，可能还需要对模型进行更多优化和调整。

此外，可以看到有一个警告信息，表示模型在训练过程中没有收敛。这可能是因为模型的迭代次数不足或数据的规模不适合。对于这个问题，可以尝试增加模型的迭代次数，或对数据进行标准化处理，使数据的规模更合适。

2. 优化模型的收敛性

下面，解决模型没有收敛的问题，最简单的办法是增加迭代次数：

```
1  # 构建逻辑回归模型
2  # lr_model = LogisticRegression()
3  # 设置迭代次数为1000
4  lr_model = LogisticRegression(max_iter=1000)
5
```

上述代码的执行过程如图 5-32 所示。

图 5-32

从结果中可以看出，模型的性能相较于之前有所提高，主要体现在以下几个方面。

- 整体的准确率（accuracy）提高至 0.98，这表明模型在所有样本中的正确分类比例有所提高。
- 在正常交易（标记为 0）这个类别上，模型的精确度（precision）为 0.97，召回率（recall）为 0.98，F1 分数（f1-score）为 0.98。这些指标表明模型在正常交易这个类别上的预测性能保持良好。
- 在欺诈交易（标记为 1）这个类别上，模型的精确度（precision）为 0.98，召回率（recall）为 0.97，F1 分数（f1-score）为 0.98。这些指标表明模型在欺诈交易这个类别上的预测性能略有提高。
- 从混淆矩阵上来看，模型在正常交易上的误分类数量（895）比之前减少了，但在欺诈交易上的误分类数量（1890）略有增加。

综上所述，增加模型的迭代次数对模型的性能有所提升，但还有进一步优化的空间。

3. 超参数调优

优化模型常见的一个方法是超参数调优。在逻辑回归模型中，可以调整的超参数包括正则化参数 C、正则化策略 penalty、优化算法 solver 等。

- C 是正则化强度的倒数，可使用较小的值指定更强的正则化。
- penalty 指定在优化过程中使用的正则化策略，可以是 L1、L2 或 elasticnet。
- solver 是用于优化问题的算法，可以为 newton-cg、lbfgs、liblinear、sag 或 saga。

进行超参数调优通常需要执行以下步骤。

步骤 1 ▶▶ 定义超参数的值域。例如，C 可以在[0.001, 0.01, 0.1, 1, 10, 100]中选择，penalty 可以在['l1', 'l2', 'elasticnet']中选择，solver 可以在['newton-cg', 'lbfgs', 'liblinear', 'sag', 'saga'] 中选择。

步骤 2 ▶▶ 对每种超参数组合进行训练和评估，找出最佳的超参数组合。这个过程可以使用 GridSearchCV 或 RandomizedSearchCV 这类工具进行自动化。

需要注意，超参数调优是一个密集计算的过程，可能需要较长的时间完成。

在实践中，通常会先使用一部分数据或采用随机搜索等策略，从而在较短的时间内找到一个较好的超参数组合。

以下是使用 GridSearchCV 对逻辑回归模型进行超参数调优的代码：

```
1   from sklearn.model_selection import GridSearchCV
2
3   # 定义超参数的值域
4   param_grid = {
5       'C': [0.001,0.01,0.1,1,10,100],
6       'penalty': ['l1','l2','elasticnet'],
7       'solver': ['newton-cg','lbfgs','liblinear','sag','saga']
8   }
9
10  # 初始化 GridSearchCV
11  grid_search = GridSearchCV(LogisticRegression(),param_grid,cv=5)
12
13  # 对每种超参数组合进行训练和评估
14  grid_search.fit(X_train,y_train)
15
16  # 输出最佳的超参数组合
17  print("Best parameters: ",grid_search.best_params_)
18
19  # 使用最佳的超参数组合重新训练模型
20  lr_model = LogisticRegression(**grid_search.best_params_)
21  lr_model.fit(X_train,y_train)
22
23  # 再次评估模型，输出模型的评估指标
24  y_pred = lr_model.predict(X_test)
25  print(classification_report(y_test,y_pred))
26
27  # 输出混淆矩阵
28  cm = confusion_matrix(y_test,y_pred)
29  print(cm)
```

上述代码的执行结果如图 5-33 所示。

上述代码对每种超参数组合进行训练和评估，输出最佳的超参数组合，并使用此超参数组合重新训练模型，并进行评估。

下面对运行次数进行说明。GridSearchCV 会尝试在 param_grid 中指定的所有

超参数组合。在上述代码中，有 6 个 C 值、3 个 penalty 选项、5 个 solver 选项，将三个数量相乘，会得到 90 种不同的超参数组合。

```
D:\softWare\Python_3.11.4\Lib\site-packages\sklearn\utils\optimize.py:210: ConvergenceWarning: newton-cg
  warnings.warn(
Best parameters:  {'C': 100, 'penalty': 'l2', 'solver': 'newton-cg'}
D:\softWare\Python_3.11.4\Lib\site-packages\scipy\optimize\_linesearch.py:466: LineSearchWarning: The lin
  warn('The line search algorithm did not converge', LineSearchWarning)
D:\softWare\Python_3.11.4\Lib\site-packages\scipy\optimize\_linesearch.py:314: LineSearchWarning: The lin
  warn('The line search algorithm did not converge', LineSearchWarning)
D:\softWare\Python_3.11.4\Lib\site-packages\sklearn\utils\optimize.py:210: ConvergenceWarning: newton-cg
  warnings.warn(
              precision    recall  f1-score   support

           0       0.97      0.99      0.98     56750
           1       0.99      0.97      0.98     56976

    accuracy                           0.98    113726
   macro avg       0.98      0.98      0.98    113726
weighted avg       0.98      0.98      0.98    113726

[[56248   502]
 [ 1718 55258]]
```

图 5-33

需要注意，penalty 和 solver 的某些组合是不合法的，如 saga 和 l1。对于不合法的组合，会抛出一个错误，并跳过这种组合。所以，实际的运行次数可能小于 90 次。

另外，在 GridSearchCV 中设置 cv=5，这表示使用 5-fold 交叉验证。对于每种超参数组合，GridSearchCV 会训练和评估 5 次模型，每次使用不同的数据集划分。所以，总的模型训练和评估次数为 90×5=450 次。

最后，使用最佳的超参数组合重新训练一次模型，所以总的运行次数为 451 次。由于存在 penalty 和 solver 的不合法组合，实际的运行次数可能小于 451 次。

在运行 GridSearchCV 时，由于需要尝试大量的超参数组合，可能会需要相当长的时间。如果时间资源或计算资源有限，则可能需要考虑使用更少的超参数值或使用 RandomizedSearchCV。RandomizedSearchCV 可以在给定的超参数值中随机选取一部分进行尝试，而不是穷举所有可能的组合。

从模型的评估结果来看，网格搜索选择的超参数组合{'C': 100, 'penalty': 'l2', 'solver': 'newton-cg'}最终提高了模型的表现。

模型此时的主要指标表现如下。

- 精确度：针对 0 类别，精确度为 0.97，表明预测为正常交易且实际也为正常交易的，占所有预测为正常交易的比例为 97%；对于 1 类别，精确度为 0.99，表明预测为欺诈交易且实际也为欺诈交易的，占所有预测为欺诈交易的比例为 99%。

- 召回率：对于 0 类别，召回率为 0.99，表明预测为正常交易且实际也为正常交易的，占所有实际为正常交易的比例为 99%；对于 1 类别，召回率为 0.97，表明预测为欺诈交易且实际也为欺诈交易的，占所有实际为欺诈交易的比例为 97%。
- F1 分数：精确度和召回率的调和平均数。对于 0 类别，F1 分数为 0.98，表明模型在预测正常交易方面实现了高度的精确度和召回率的平衡；对于 1 类别，F1 分数同样为 0.98，表明模型在预测欺诈交易方面同样实现了高精确度和高召回率的平衡。
- 准确率：准确率为 0.98，表明在所有预测中，预测正确的占所有样本的 98%。

综上，模型在预测信用卡欺诈时，精确度和覆盖范围都表现得相当好，准确率接近 98%。这是一个相当不错的结果。模型在预测欺诈交易（1 类别）时的表现比预测正常交易（0 类别）时稍弱一些，这可能是因为欺诈交易的样本数量相对较少，模型在学习这一类别的特征时受到了限制。

4．优化效果比较

超参数优化后的模型在预测信用卡欺诈和正常交易时的精确度都略高于只增加迭代次数的模型。这意味着与仅通过增加迭代次数的模型相比，超参数优化后的模型在预测结果的精确性方面有所提高，模型对正类别的预测更准确，误报率更低。

此外，超参数优化后的模型在预测正常交易时的召回率也略高于只增加迭代次数的模型。这说明在所有的正常交易中，超参数优化后的模型能找出正常交易的比例更高。

从整体评估指标看，超参数优化后的模型表现更佳，但这并不意味着只需要进行超参数优化，迭代次数的设定也是影响模型表现的一个重要因素。在实际应用中，用户需要综合考虑各种优化方式，使模型在各个指标上都能达到较好的效果。

5．合并调优参数

在每次优化中，用户获得的最佳模型参数可以被叠加使用。例如，如果在解决收敛问题时设定的迭代次数被验证为最佳参数，则在后续的优化中就不需要再次进行效果测试。就像在进行网格搜索时，没有设置 max_iter 参数，这样大大减少了模型的运行次数。合并调优参数的代码如下：

```
1   # 使用新的平衡数据集，重新训练模型
2   clf = LogisticRegression(C=100,penalty='l2',solver='newton-cg',max_
    iter=1000)
3   clf.fit(X_smote,y_smote)
4
5   # 对测试集进行预测
6   pred = clf.predict(X_test)
7
8   # 打印评估报告
9   print(classification_report(y_test,pred))
```

上述代码的执行过程如图 5-34 所示。

```
D:\software\Python_3.11.4\Lib\site-packages\scipy\optimize\_linesearch.py:466: LineSearchWarning: The line search algorithm did not converge
  warn('The line search algorithm did not converge', LineSearchWarning)
D:\software\Python_3.11.4\Lib\site-packages\scipy\optimize\_linesearch.py:314: LineSearchWarning: The line search algorithm did not converge
  warn('The line search algorithm did not converge', LineSearchWarning)
D:\software\Python_3.11.4\Lib\site-packages\scipy\optimize\_linesearch.py:425: LineSearchWarning: Rounding errors prevent the line search from converging
  warn(msg, LineSearchWarning)
D:\software\Python_3.11.4\Lib\site-packages\sklearn\utils\optimize.py:203: UserWarning: Line Search failed
  warnings.warn("Line Search failed")
              precision    recall  f1-score   support

           0       0.97      0.99      0.98     56750
           1       0.99      0.97      0.98     56976

    accuracy                           0.98    113726
   macro avg       0.98      0.98      0.98    113726
weighted avg       0.98      0.98      0.98    113726

[[56251   499]
 [ 1708 55268]]
```

图 5-34

从模型的精确度、召回率、F1 分数和准确率来看，上面这个模型的表现相当出色。在 0 类和 1 类这两个类别上，精确度和召回率都达到至少 97%的效果，这表明模型在区分信用卡欺诈和正常交易方面做得很好。综合查准率和查全率的 F1 分数接近 0.98，这表明模型在维持查准率和查全率的平衡方面做得很好。

尽管模型表现很好，但在模型训练过程中出现了一些警告，主要是关于优化算法的收敛问题。"LineSearchWarning: The line search algorithm did not converge"这个警告意味着在进行新的一步搜索时，寻找最佳步长的线性搜索未能收敛。这可能是由于数据的规模或复杂性导致的。"Rounding errors prevent the line search from converging"这个警告表明在进行优化搜索时，由于浮点数的精确度问题，算法无法找到满足精确度要求的解。虽然模型的性能已经很好，但这些警告可能意味着模型的训练还有改进的空间。用户仍然可以尝试更改优化算法的参数，如再次增加最大迭代次数，或尝试其他优化算法。此外，用户可以尝试对数据进行规范化处理，这可能有助于改善优化算法的性能。

6. 进一步优化

如果想进一步优化模型，则可从以下几个方面进行优化。

- 改进数据质量。数据质量直接影响模型的性能。尽管已经对数据进行了一些预处理步骤，但还可以进一步考虑其他数据清理技术。例如，使用不同的方式处理异常值，进一步清理错误的数据或填充缺失值。

- 特征工程是机器学习中非常重要的一部分，可以尝试进一步对特征进行筛选、构造、转换。例如，尝试添加一些新特征或使用降维技术（如 PCA）去除一些冗余的特征。

- 模型选择与调参。虽然逻辑回归模型在本项目中表现出色，但还可以尝试其他类型算法，如支持向量机、随机森林、深度学习等。此外，对模型的超参数进行细致的调整也可能提升性能。可以利用网格搜索、随机搜索等自动化工具寻找最优的超参数组合。

- 模型集成是提高模型性能的常用手段，可以考虑使用 Bagging、Boosting、Stacking 等集成学习方法，通过组合多个模型的预测结果提高总体的预测性能。

- 处理不平衡数据。如果数据集严重不平衡，则可能会影响模型的性能。可以尝试使用过采样（如 SMOTE）、欠采样、成本敏感学习等策略处理不平衡数据。

- 优化计算过程。对于收敛问题，可以考虑改变求解器（如尝试使用 liblinear 或 sag），或尝试不同的优化算法。此外，还可以尝试进一步规范数据，或尝试不同的数据变换，以提高优化算法的性能。

5.5.6　结果解释

前面通过各种优化手段，提升了模型的性能，但是提升模型的性能并不是最终目标，最终目标是帮助业务进行更好的决策。为此，需要获得解释模型的结果，了解哪些特征对模型预测结果的影响最大，以便用户更好地理解数据和模型，为业务提供有价值的判断结果。

对于逻辑回归模型，最简单的解释方式是查看模型的系数。系数的绝对值越大，说明该特征对模型预测结果的影响越大。查看模型系数的代码如下：

```
1   import numpy as np
2
```

```
3   # 输出各个特征的系数
4   # 创建一个新的数据框，其中包含每个特征的名称和对应的系数值
5   coefficients=pd.DataFrame({"Feature":data.columns[:-1, "Coefficients":
np.transpose(lr_model.coef_[0])})
6
7   # 对数据框进行排序，以便查看哪些特征的系数最大
8   coefficients = coefficients.sort_values(by='Coefficients', ascending=
False)
9
10  # 打印排序后的系数
11  print(coefficients)
12
```

注意，在第 5 行代码中，创建了一个新的 DataFrame 对象，其中包括 Feature 和 Coefficients 两列数据。

- Feature 列是从原始数据集中获取的所有特征名称，这些特征名称存储在 columns 属性中。columns[:-1]表示获取的所有列名称（除了最后一列），通常最后一列被认为是目标变量，或是我们要预测的变量。
- Coefficients 列是模型 clf 的系数，这些系数是在模型训练时计算得出的，用于描述每个特征如何影响预测的目标变量。这些系数存储在 coef 属性中。因为 coef 属性返回一个二维数组，所以使用 np.transpose(clf.coef_[0]) 将这个二维数组转换为一维数组，并与 Feature 列的长度一致。

上述代码的执行结果如图 5-35 所示。

图中显示了逻辑回归模型的每个特征及其对应的系数。这些系数是在训练逻辑回归模型时计算得出的，反映了每个特征在预测结果上的重要性和方向。

系数值大于 0 的特征，其值的增大会使预测的结果更接近正类。对于二分类问题，通常用 1 表示正类，0 表示负类。在本案例中，特征 Amount、V28、V5、V1、V23、V2、V22、V11、V3、V19、V4、V25 和 V24 的系数均为正数，这些特征值的增大有助于模型预测为正类。

系数值小于 0 的特征，其值的增大会使预测的结果更接近负类。在这个案例中，特征 Time、V21、V27、V26、V15、V8、V13、V9、V18、V6、V16、V10、V7、V20、V12、V17 和 V14 的系数均为负数，这些特征值的增大有助于模型预测为负类。

系数的绝对值大小表明该特征对预测结果的影响力度。绝对值越大，特征对

预测结果的影响力度越大。例如，V14、V17 和 V12 的系数绝对值最大，这些特征对模型预测结果的影响力度最大。

图 5-35

注意

在图 5-35 中，出现了一个警告 "UserWarning: Line Search failed"。这个警告通常表示在优化过程中出现了问题，可能无法找到最佳解。这可能会影响模型系数的准确性，需要对模型优化过程进行调整，如修改超参数或更换优化方法。

最后，通过条形图，更直观地展示每个特征对模型预测结果的影响。使用 Matplotlib 库的条形图功能展示特征的系数。这样可以更直观地展示各个特征对预测结果的影响力度。代码如下：

```
1   import matplotlib.pyplot as plt
2
3   # 取系数的绝对值，因为关注的是每个特征对预测结果的影响力度，而不仅仅是正负影响
4   coefficients['abs'] = coefficients['Coefficients'].abs()
5
6   # 将数据按照系数大小进行排序
7   coefficients = coefficients.sort_values(by='abs', ascending=True)
```

```
8
9   # 生成条形图
10  plt.figure(figsize=(10,8))
11
    plt.barh(coefficients['Feature'],coefficients['abs'],color='b',ali
gn='center')
12  plt.title('Feature Importance')
13  plt.xlabel('Coefficient Magnitude')
14  plt.ylabel('Features')
15  plt.show()
16
```

上述代码的执行结果如图 5-36 所示。图中条形的长度反映了各个特征对预测结果的影响力度，条形长度越长，影响力度越大。这种可视化方式可以帮助我们更直观地理解模型的工作机制以及各个特征的重要性。从图中可以看出，特征Amount（金额）对预测结果的影响最为显著。

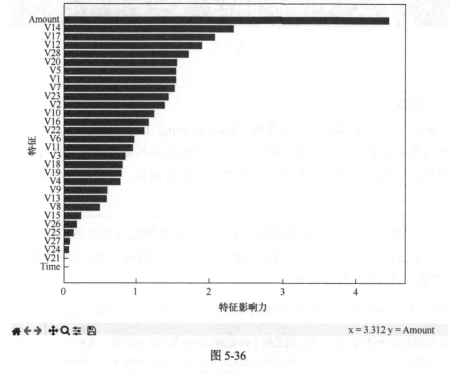

图 5-36

此外，我们还可以使用更复杂的模型解释工具，如 SHAP 和 LIME，它们不仅可以用于解释线性模型，还可以解释复杂的非线性模型。

第6章 机器学习的挑战与前沿领域

机器学习是一个快速发展的领域。新的研究、技术、工具和应用场景不断涌现。对于任何想要踏入机器学习领域的人来说，持续学习和不断进步是非常重要的。

本章将介绍机器学习的挑战、前沿领域和资源，帮助用户保持学习的动力，跟上机器学习领域的发展步伐。

6.1 机器学习的挑战

虽然机器学习已经在各个领域取得了显著的成果，但是要实际应用机器学习相关的技术，还需要面临许多挑战。本节将介绍一些主要的挑战，理解这些挑战对使用机器学习相关的技术和进一步提高模型的性能至关重要。

6.1.1 数据问题

数据是机器学习的"生命线"。无论是分类任务、回归任务、聚类任务，还是强化学习任务，都需要高质量的数据。在实际应用中，数据问题是非常常见的挑战。

1. 数据质量问题

数据是机器学习的基础。然而，数据可能受到各种质量问题的困扰，如噪声、丢失、不一致性等。这些问题可能会对模型的训练和最终结果产生重大影响。

- 噪声数据：噪声数据中可能包含错误信息或无意义的分散点。噪声数据可能是由于测量错误、设备故障、数据输入错误产生的。处理噪声数据通常需要一些去噪声方法或数据预处理技术，如平滑处理、聚类等。
- 丢失数据：在收集或处理数据的过程中，可能会出现数据丢失的情况。数据丢失可能是由多种原因造成的，如设备故障、数据传输错误、记录缺失等。处理丢失数据的常用方法有数据插补、预测填充等。

● 数据不一致性：数据的不一致性通常表现为数据之间的矛盾，如同一个对象的不同记录信息相互冲突。这种情况可能是由于数据源的差异、更新延迟、数据输入错误引起的。处理数据不一致性需要对数据进行清洗和整合，确保数据的一致性和准确性。

处理这些数据质量问题需要花费大量的时间和精力，有时候也需要人工干预，如进行数据清洗、数据插补、数据标注等。因此，保证数据质量是机器学习中至关重要的步骤。

2．数据量问题

在机器学习领域，尤其是对于深度学习模型来说，大量的数据不仅能帮助模型更好地学习和抽取特征，还可以有效地提高模型的泛化能力，降低过拟合的风险。然而，在许多实际的应用场景中，收集和整理大规模、高质量的数据集并不是一件容易的事情。

对于小型公司和个人研究者来说，因为资源、时间、资金等多方面限制，很难获取大量的数据。此外，特定领域内的数据可能因为隐私、法规或其他因素而无法公开获取，这些因素都可能导致数据量不足。

此外，数据的分布情况也是一个需要考虑的问题。在理想情况下，数据应该覆盖所有的情况，但在实际情况下，用户收集到的数据可能只覆盖了一部分情况，这也会影响模型的性能。

为了解决数据量问题，用户可以采用数据增强、迁移学习、生成模型等技术，利用现有数据，合成新数据，从而增加数据量。同时，借助公开的数据集和预训练模型也能在一定程度上解决数据量问题。

3．数据偏差问题

在机器学习中，数据偏差是不容忽视的问题。不同的数据偏差类型可能以多种形式出现，包括采样偏差、标签偏差等，这些数据偏差可能会对模型的训练和最终性能产生重大影响。

采样偏差通常发生在数据收集阶段。如果收集的数据不代表整个目标群体，则可能导致采样偏差。例如，在一个识别猫和狗的图像分类任务中，如果训练数据中的猫的图片比狗的图片多很多，则模型可能会对猫进行过度拟合，对狗的识别性能较差。

标签偏差是指在数据标注过程中出现的问题，如标签错误、标签不一致等。这些问题会导致模型学习错误的信号，进而影响模型性能。

偏差的存在可能会导致模型训练出的结果偏离真实情况，甚至可能导致模型的预测结果出现严重的误导。例如，在预测贷款违约的模型中，如果数据中的违约样本比非违约样本少很多，则模型可能会倾向于预测用户不会违约。

为了解决数据偏差问题，需要在数据收集和处理阶段尽可能地减少偏差。对于采样偏差，需要确保数据的多样性和全面性；对于标签偏差，需要确保标签的准确性和一致性。此外，也可以使用一些技术手段，如重采样、权重调整等减少偏差带来的影响。

6.1.2　模型问题

在机器学习的应用过程中，模型的选择和设计往往是一个重要而困难的步骤。下面将探讨一些常见的与模型相关的挑战。

1. 模型选择

模型选择是机器学习中的一项重要任务。我们需要从众多可用的算法和模型中，挑选出最适合解决特定问题的模型。不同的模型类型，如线性模型、决策树、神经网络等，都各自的优点和适用情境，也有一些假设或约束。因此，选择模型不只是选择能实现最佳性能的模型，也需要对模型的理论基础、适用条件有深入的理解。这可能需要研究者或开发者具备扎实的数学和统计知识，以及对机器学习理论的深入理解。

2. 模型复杂度

模型复杂度是机器学习中一项重要的考量因素，它关系到模型的性能和适用性。如果模型过于简单，则可能无法捕捉数据的重要特性，这会导致欠拟合问题。

相反，如果模型过于复杂，则可能对训练数据进行过度拟合。复杂的模型可能会过于关注训练数据中的特定噪声和异常值，而忽视了数据的整体模式。虽然这样的模型在训练数据上的表现可能很好，但当遇到未知数据时，该模型的预测性能可能会大打折扣，因为这种模型并未真正理解数据的普遍规律。

因此，在实践中需要找到一个平衡点，使模型既不过于简单，也不过于复杂。这就需要在模型的偏差（欠拟合）和方差（过拟合）之间进行权衡，以找到最佳的模型复杂度。这通常需要进行一系列实验，通过调整模型参数和使用不同的模型验证方法，确定模型复杂度。

3. 超参数调优

超参数调优是机器学习中的一项重要任务，因为模型的性能在很大程度上取决于超参数的设定。超参数是在开始学习过程之前设置的参数，而不是通过训练得到的参数。在神经网络模型中，神经元的数量、层数、学习率以及正则化参数都是需要设定的超参数。

这些超参数的设定对模型的学习能力和预测性能有着重要的影响。选择不合适的超参数可能会导致模型学习能力不足（如欠拟合）或过于复杂（如过拟合）。然而，找到最佳的超参数通常是复杂且耗时的过程，因为超参数高度依赖于特定的数据集和任务。

超参数调优通常需要进行一系列试验，才能找到能验证性能最大化的参数组合。在实践中，经常使用网格搜索、随机搜索等方法进行超参数调优。即使使用了这些方法，超参数调优仍然是一项充满挑战的任务，需要耗费大量的时间和计算资源。在一些情况下，研究者甚至可能需要根据经验和直觉手动进行调整。

4. 模型可解释性

模型的可解释性是一个关键的因素，特别是在那些需要理解预测结果的推理过程中，如医疗诊断、金融风险评估和司法判决等，模型的可解释性尤为关键。模型的可解释性反映了我们能否理解和解释模型的决策过程。

在众多的机器学习模型中，决策树、线性回归等模型的决策过程相对透明、容易理解。决策树可以直观地显示出不同特征在决策过程中的重要性；线性回归模型可以直接展示出各个特征与输出目标之间的关系。

一些表现强大的模型，特别是深度学习模型，决策过程通常是不透明的。尽管这些模型在很多任务上都能取得优异的表现，但我们往往无法准确理解模型为何做出某个特定的预测。这可能会导致一系列问题。例如，一个模型的预测结果在某些关键任务上出现错误，我们无法理解其预测过程，就无法找到改善模型的办法。

因此，提高模型的可解释性是机器学习领域的一个重要研究方向，研究者们提出了许多方法和技术，如特征重要性排名、局部可解释性模型等，试图使这些复杂的模型变得更透明、易于理解。

6.1.3　计算问题

在机器学习实战中，需要面对一系列计算问题。这些计算问题通常涉及如何有效地使用硬件资源，以及如何在有限的计算资源下处理大量的数据。

（1）处理大数据：在许多情况下，机器学习模型需要处理的数据量非常大，数据量可能会超过单个计算机的内存容量。为了处理这样的数据，用户需要采用一些特殊的计算策略，如在线学习、分布式计算、数据并行和模型并行等。

（2）计算速度：训练复杂的机器学习模型通常需要大量的计算。在处理大数据或需要快速反馈的应用中，计算速度尤为重要。为了加快计算速度，用户可能需要使用特殊的硬件（GPU、TPU 等），并且对计算过程进行优化，如采用高效的数值计算库、进行算法优化等。

（3）存储问题：大规模的数据集和模型可能需要大量的存储空间。此外，为了支持模型训练和评估，用户可能需要保存模型的中间状态，便于后续分析和调试。因此，如何有效管理和使用存储资源是需要考虑的问题。

（4）能源效率：在数据中心等大规模计算环境中，能源效率是一个重要的考虑因素。训练和运行机器学习模型可能会消耗大量的能源。因此，需要寻找能源效率更高的计算和算法策略。

GPU 和 TPU 都是为了加速计算而使用的硬件设备，尤其是在处理大数据和机器学习任务时，GPU 和 TPU 尤为重要。

GPU 原本是为了加速图像处理任务而设计的。GPU 由于其强大的并行计算能力，被广泛应用于机器学习和科学计算领域。GPU 内部包含大量的小型处理核心，这些处理核心可以并行执行相同的计算任务，因此对于那些可以并行化的计算任务，如矩阵运算、向量运算，GPU 可以提供较高的计算速度。在机器学习中，很多模型（如神经网络）的训练过程需要进行大量的矩阵运算，因此使用 GPU 可以显著提升这些模型的训练速度。

TPU 是 Google 公司为了加速机器学习任务而设计的处理器。TPU 是一种 ASIC（应用特定集成电路），这意味着 TPU 的硬件设计和优化专门针对某些特定的应用，如机器学习的计算任务。TPU 内部的计算单元是针对张量运算（Tensor Operation）进行优化的，这使 TPU 可以为机器学习中的大多数任务（如神经网络的前向和反向传播）提供很高的计算效率。目前，TPU 主要在 Google 云平台上提供，用户可以按需使用。

6.1.4　评估和解释问题

评估问题涉及如何设计有效的评估指标和评估方法，解释问题关注如何理解模型的工作原理，以及预测结果的含义。

（1）评估指标选择：不同的问题可能需要使用不同的评估指标。例如，在分类问题中，用户可能会关心准确率、精确度、召回率或 F1 分数等指标；在回归问题中，用户可能会关心均方误差、绝对误差等指标。选择正确的评估指标能帮助用户更准确地判断模型的性能。

（2）评估方法设计：如何设计有效的评估方法也是一个挑战。常见的评估方法包括交叉验证、留一验证、自助采样等。正确的评估方法可以避免过拟合，提高模型的泛化能力。

（3）模型解释性：对于复杂的模型，如何理解其工作原理并预测结果的含义是一个挑战。这包括理解模型的内部结构，如理解神经网络的隐藏层或模型的预测结果。模型解释性对增强模型可信度、提升用户体验、满足某些法规要求（如GDPR）具有重要意义。

提示

GDPR 的全称为 General Data Protection Regulation，即《通用数据保护条例》。这是欧洲联盟在 2018 年实施的一项重要的数据隐私法规，规定了公司如何收集、存储和处理公民的个人数据。其中的一项关键要求是，当一个公司使用算法做出对个人产生影响的决策时，这个人有权知道算法是如何做出这个决策的。这就涉及模型解释性问题。

（4）模型公平性：随着机器学习在各种社会场景中的应用，如何确保模型的公平性、避免算法偏见也很重要。例如，如何避免模型对不同性别、种族、社会阶层等群体的不公平对待。

评估和解释问题需要深入理解模型的工作原理，同时也需要结合具体的应用场景和用户需求。

6.2 机器学习的前沿领域

在进一步深入探讨机器学习的前沿领域之前，我们需要认识到，"前沿"这一概念在机器学习这个快速发展的领域是相对的。新的算法、工具和技术每天都在产生，研究的重点也在不断变化。

在最近的 ICML 2022 大会上，微软亚洲研究院发表的 7 篇论文涵盖了强化学习、图神经网络、知识图谱表示学习等关键领域。此外，因果机器学习也是当前的一个重要研究方向，它通过因果理论解决机器学习中的各种问题。

在人工智能方面，语言识别、自然语言生成、机器学习平台、深度学习平台、决策管理、虚拟代理、人工智能优化硬件、机器人处理自动化等技术都是较为流行的技术。这些技术的发展为机器学习的应用提供了更广阔的空间。

下面重点探讨一些当前的尖端技术，帮助读者深入理解机器学习领域的最新发展。

6.2.1　深度学习

深度学习是一种特殊的机器学习方法，它在最近几年已成为人工智能领域最具影响力和最具创新性的研究方向之一。深度学习基于复杂、层次丰富的神经网络结构，模拟人脑神经元之间的连接和信息处理方式。深度学习的核心在于自动从原始数据中提取出有用的、更为抽象的特征，并基于这些特征进行决策或预测。

深度学习的应用领域非常广泛，包括语音识别、图像识别、自然语言处理、强化学习等领域。在一些复杂且需要高级模式识别和知识表示的任务中，深度学习展示出了强大的能力，如机器翻译、自动驾驶、医疗影像分析、虚拟助手等。

提示

虚拟助手又称为智能助手或 AI 助手，是一种使用人工智能技术通过各种平台（如手机应用、智能扬声器）提供服务的软件程序，能理解自然语言，并以人类的方式对语言进行解释和回应，从而为用户提供各种帮助。

常见的虚拟助手包括百度的小度、华为的小艺、谷歌的 Google Assistant、微软的 Cortana 等。这些虚拟助手能执行各种任务，如设置闹钟、查找信息、发送消息、预测天气、控制智能家居设备等。

近年来，虚拟助手已经成为人工智能领域中的一项重要应用，并正在不断地发展和改进，致力于为用户提供更加便捷和个性化的服务。

最近几年，深度学习的研究焦点从基于大量标签数据的监督学习转向更复杂、更具挑战性的任务，如无监督学习、自监督学习和多任务学习等。这些方法的目标是使深度学习模型能在没有或只有少量标签数据的情况下，通过自我学习更好地理解和抽象出数据的内在结构和特征。

尽管深度学习已经取得了成功，但也面临着一些挑战。使用深度学习的模型往往需要大量数据和计算资源，模型的训练过程可能需要很长的时间。此外，模型的解释性也是一个重要的问题，因为深度学习的模型往往被视为一个"黑箱"，其决策过程对人类来说难以理解。深度学习未来的研究方向包括提高模型的效率、提升模型的解释性，以及开发更多自适应和自监督的学习方法。

6.2.2 强化学习

强化学习是机器学习的一个重要分支，它的特性与传统的监督学习、无监督学习有所不同。强化学习的核心思想是通过智能体与环境的交互，学习最优决策策略。强化学习的目标是通过学习和优化策略，使长期的累积奖励最大化。

强化学习中的主要元素包括环境、智能体、状态、动作、奖励和策略。在这个交互系统中，智能体在给定的环境状态下选择动作，环境根据智能体的动作返回新的状态和奖励。智能体的目标是通过学习和迭代更新自己的策略，以便在未来的状态转移中获得最大的累积奖励。

近年来，强化学习在许多领域中取得了显著的成功，包括但不限于游戏、机器人控制、资源管理、推荐系统等。特别是在游戏领域，强化学习算法已经能在许多复杂的游戏中超越人类的表现，如 AlphaGo 和 AlphaZero，通过自我对弈的方式学习围棋和国际象棋，最终超越人类顶尖棋手。

 拓展

AlphaZero 是 AlphaGo 的后续版本，设计更为简洁、强大。不同于 AlphaGo 需要在人类的棋局上进行训练，AlphaZero 完全通过自我对弈的方式进行学习，AlphaZero 不依赖于任何人类先前的经验或棋局数据。在自我对弈的过程中，AlphaZero 会不断试验新的策略，并从成功或失败中进行学习。通过这种方式，AlphaZero 能自主探索和发现游戏的策略。AlphaZero 不仅在围棋上取得了成功，还成功地应用于国际象棋和将棋，并在这些游戏上都超越了人类。

尽管强化学习取得了一些成就，但也面临着许多挑战，如样本效率低、奖励稀疏、环境难以模拟等问题。此外，强化学习的安全性和解释性也是重要的研究方向，特别是在应用于真实世界的场景时，如自动驾驶、机器人控制等，安全性和解释性尤为重要。未来的研究将继续探索如何改进学习算法的效率、解决稀疏奖励问题、提升模型的解释性、保证算法的安全性。

6.2.3　迁移学习

迁移学习是一种强大的机器学习方法，是指将模型在预训练阶段学到的知识应用到新的任务中。迁移学习的基本思想是如果两个任务有共享的底层模式或结构，则从一个任务上学到的表示或模型能在另一个任务上重新使用，从而减少所需的训练数据和计算资源。

迁移学习在深度学习领域得到了广泛的应用。例如，在图像识别任务中，通常会预先在大型图像数据集（如 ImageNet）上训练一个深度神经网络，然后将训练得到的网络用作新任务的特征提取器。由于 ImageNet 数据集包含丰富的视觉模式，因此预训练网络可以捕捉到许多有用的特征，这些特征在新任务中可能也同样有用。

拓展

ImageNet 是一个大规模的图像数据库，包含 1000 多万张图像，这些图像都被人工注解了标签，覆盖了近两万个物体类别。ImageNet 在计算机视觉领域产生了深远影响，尤其是在深度学习的兴起中起到了关键作用。

迁移学习不仅在视觉任务中应用，还被应用于 NLP、强化学习等领域。例如，预训练的语言模型（如 BERT、GPT 等）已经在各种 NLP 任务上表现出强大的性能。

GPT（Generative Pre-training Transformer）是一种由 OpenAI 开发的预训练语言模型。这种模型利用了 Transformer 网络架构，能理解并生成人类语言。GPT 模型通过在大规模文本数据上进行预训练，学习了语言的各种模式和规则。

GPT 采用生成式预训练，即模型在预训练阶段学习生成语言，而不是预测下一个词。在预训练阶段，GPT 的模型会尝试预测给定词序列中的下一个词是什么。通过这种方式，GPT 的模型可以学习语言的语法、语义和一些常见的语言模式。

在预训练完成后，GPT 的模型可以被用于各种 NLP 任务，如文本分类、命名实体识别、情感分析等。在这些任务中，GPT 的模型一般需要进行一定微调（fine-tuning），以适应特定的任务。这就是所谓的迁移学习，即将模型在预训练阶段学到的知识应用到新的任务中。

尽管迁移学习已经取得了显著的成功，但仍然存在许多挑战和问题。例如，如何有效地迁移复杂任务之间的知识、进行跨领域或跨模态的迁移、更好地理解和解释迁移学习的行为等。这些问题都是当前和未来研究的重要方向。

6.2.4　自适应学习和自监督学习

自适应学习和自监督学习是机器学习的重要前沿领域。与传统的监督学习和无监督学习相比，自适应学习和自监督学习提供了一种新的视角和方式理解和利用数据。

1．自适应学习

自适应学习通常是指模型在学习过程中，根据数据或环境的变化动态调整参数或结构的方法。例如，在在线学习中，模型需要能适应数据流中的新信息。在强化学习中，智能体需要通过交互和试错适应环境的变化。自适应学习的关键挑战是设计有效的适应机制，以便在保持模型性能的同时，处理概念漂移和噪声等问题。

2．自监督学习

自监督学习是一种使用数据自身的结构生成监督信号的学习方法。换言之，自监督学习并不依赖于人工标签，而是利用数据中的未标注部分作为监督信号，以学习数据的内在结构和模式。例如，在自监督图像学习中，模型可能需要预测图像的一部分或重构整个图像；在自监督语言模型中，模型需要预测文本中的某个词或句子。自监督学习的优点在于可以充分利用大量未标注数据，而其挑战在于设计有效的自监督任务和学习算法，并从自监督预训练转向下游任务。

自适应学习和自监督学习都是机器学习的重要研究领域，可能将改变我们理解和使用机器学习模型的方式，推动机器学习技术的进一步发展。

6.2.5　图神经网络

图神经网络（Graph Neural Networks，GNN）是近年来出现的一种利用深度学习直接对图结构数据进行学习的框架。图结构数据是一种非欧几里得数据，包含丰富的结构信息和复杂的关系信息。传统的深度学习往往难以直接处理图结构数据，GNN 通过设计特殊的网络结构和学习机制，使深度学习可以直接对图结构数据进行学习。

主流的 GNN 算法包括如下几种。

（1）图卷积神经网络（Graph Convolutional Networks，GCN）：直接在图上进行卷积操作的神经网络，可以捕获图中节点的局部结构信息。

（2）图自编码器（Graph Auto-Encoders，GAE）：利用自编码器的思想，对图进行编码和解码的神经网络，可以用于图的嵌入学习和生成。

（3）图生成网络（Graph Generative Networks，GGN）：可以生成新的图结构的神经网络，可用于图的生成和变换。

（4）图循环网络（Graph Recurrent Networks，GRN）：在图上进行循环操作的神经网络，可以捕获图中的动态信息和时序信息。

（5）图注意力网络（Graph Attention Networks，GAT）：在图上进行注意力机制的神经网络，可以动态调整节点之间的关系强度。

这些算法的出现使用户可以更好地理解和处理图结构数据，从而在社交网络分析、生物信息学、推荐系统、交通预测等各种应用中获得优异的性能。

在理论基础方面，介绍以下几个关键概念，从而使读者更好地理解和设计GNN。

（1）图傅里叶变换（Graph Fourier Transform）：一种在图上进行傅里叶变换的方法，可以将图上的信号从时域转换到频域，从而获取图上信号的频率特性。

（2）图卷积（Graph Convolution）：一种在图上进行卷积操作的方法，可以捕获图上节点的局部结构信息。图卷积的设计需要考虑图的结构特性，因此与传统的卷积有很大的不同。

（3）图谱滤波器的多项式近似：一种在图上设计滤波器的方法，可以用于图信号的滤波和图信号的特征提取。通过多项式近似，用户可以设计出不同的图谱滤波器，以满足不同的需求。

这些理论基础为用户理解和设计更高效的 GNN 提供了重要的指导。通过深入理解这些理论基础，用户不仅可以更好地理解现有的 GNN，也可以设计出新的算法，以更好地处理图结构数据。

6.2.6　知识图谱表示学习

知识图谱表示学习利用深度学习技术，对知识图谱中的实体和关系进行向量化表示，目标是将知识图谱中的实体和关系映射到一个连续的向量空间中，在这个空间中，语义相近的实体和关系的向量在空间中的距离也相近。

主流的知识图谱表示学习方法包括如下几种。

（1）TransE：一种经典的知识图谱表示学习方法，它假设知识图谱中的关系可以表示为实体向量的平移。

（2）TransH、TransR、TransD 等：这些方法在 TransE 的基础上进行改进，引入了更复杂的映射函数，以更好地处理知识图谱中的复杂关系。

（3）RotatE：一种新的知识图谱表示学习方法，它假设知识图谱中的关系可以表示为实体向量的旋转。

上面这些方法通过学习得到实体和谓语的向量表示，这种表示可以捕获实体和关系的语义信息，并用于后续的知识图谱应用，如链接预测、实体对齐、关系抽取等。通过深入理解主流的知识图谱表示学习，用户能更好地理解和利用知识图谱。

在知识图谱的应用中，知识图谱表示学习成本较低，但对下游任务的效果提升有限，这主要是因为知识图谱表示学习通常只关注实体和关系的局部信息，而忽视了知识图谱的全局结构信息和复杂的语义信息。

为了提升知识图谱表示学习的效果，研究者提出了一种新的基于规则和路径的联合嵌入方法，并将此方法称为规则和路径的联合嵌入（Rule and Path Joint Embedding，RPJE）。RPJE 的主要思想是同时考虑知识图谱中的规则信息和路径信息，以捕获知识图谱中的全局结构信息和复杂的语义信息。

具体来说，RPJE 首先利用逻辑规则的可解释性和准确性，将知识图谱中的规则信息编码到实体和关系的向量表示中，然后利用知识图谱表示学习的泛化性，将这些向量表示用于各种下游任务。最后，RPJE 利用路径提供的语义信息进一步优化这些向量表示。

通过这种方式，RPJE 不仅可以提高知识图谱表示学习的效果，也可以提高知识图谱应用的性能。因此，RPJE 为知识图谱的研究和应用提供了一种新的有效工具。

在基于知识图谱的问答场景下，知识图谱表示学习可以提供动态自适应能力，使系统能根据问题的特点动态调整答案的生成。此外，知识图谱表示学习也在 few-shot 学习情形下进行了深入探索，以适应数据稀缺的情况。

总而言之，知识图谱表示学习是一种前沿的技术，它基于深度学习对知识图谱进行向量化表示，不仅提高了知识图谱的处理效率，也使用户能更好地理解和利用知识图谱，有着广泛的应用前景。

6.2.7 因果机器学习

因果机器学习是一种新兴的研究方向，它试图在机器学习的框架下引入因果关系，以弥补传统机器学习方法在可解释性、公平性、鲁棒性、泛化性等方面的不足。因果机器学习不仅注重数据中的相关关系，更注重揭示数据的因果关系。

在因果机器学习的研究中，因果理论是一个重要的基础。因果理论包括潜在因果模型（Potential Outcomes Framework）、图模型（Graphical Model）、结构方程模型（Structural Equation Model）等。因果理论为用户理解和建模因果关系提供了重要的工具和框架，提供了一种从观察数据中推断因果关系的方法，使用户能更好地理解和利用数据。

研究人员提出了一系列因果机器学习方法，包括因果推断（Causal Inference）、因果发现（Causal Discovery）、因果预测（Causal Prediction）等。

（1）因果推断：一种从观察数据中推断因果关系的方法，主要用于估计处理效应（Treatment Effect）。

（2）因果发现：一种从数据中发现因果关系的方法，主要用于构建因果图（Causal Graph）。

（3）因果预测：一种利用已知的因果关系进行预测的方法，主要用于预测干预效果（Intervention Effect）。

上面这些方法为用户提供了一种处理因果问题的新视角。通过深入理解这些方法，用户可以更好地理解和利用因果关系，为因果机器学习的研究和应用提供强大的工具。

因果机器学习已在单源域泛化、多源域泛化预测等方面取得了重要成果。这些成果不仅提高了模型的性能，也提高了模型的解释性和公平性。

6.2.8 机器人处理自动化

机器人处理自动化（RPA）是指在个人计算机上安装机器人软件，使机器人软件按照预定程序处理业务的技术。这种技术可以实现一系列重复的、简单的工作流程，被认为是处理重复性、模块化工作的前沿技术。

在工业领域，智能机器人集合了机械、电子、控制、计算机、传感器、人工智能等技术，成为现代制造业重要的自动化装备。通过机器人的自主感知、动作控制和决策能力，可以实现对复杂工艺流程的自动化处理，从而减少人工干预，提高效率。

在办公场景中，RPA 有广泛的应用。例如，在财务税务管理场景中，RPA 可被应用于发票报销、自动打款、成本分摊、邮件抄送、发票验证、自动计提税金、纳税申报等场景，大大提高了工作效率和准确性。

总而言之，RPA 是一种前沿的技术，它通过自动处理重复性、模块化的工作，不仅提高了工作效率，也减少了人工干预，有广泛的应用前景。

6.2.9 AI 优化硬件

AI 优化硬件是当前人工智能领域的重要研究方向。AI 优化硬件使用 AI 技术，使许多设计步骤自动化，从而大大提高效率。AI 优化硬件还可以优化设计过程，助力设计师创建出更高效、强大的硬件。

在数据中心领域，人工智能和机器学习技术正在被集成到 AI 优化硬件的基础架构中。这种集成不仅提高了处理数据的效率，也使数据中心能更好地适应复杂的数据处理需求。

在硬件和芯片设计中，AI 优化硬件也发挥了重要的作用。例如，DeepMind 将游戏人工智能技术应用于代码优化，这种创新的应用方式为硬件和芯片设计提供了新的可能。

此外，AI 优化硬件还在硬件的优化、部署过程中发挥了重要作用。在 AI DSA 芯片的开发实践中，除了底层硬件的设计，AI 模型在 DSA 芯片上优化、部署执行软件栈。

AI 优化硬件是一种前沿技术，它使用 AI 技术，提高了硬件设计和制造的效率，使硬件能更好地适应复杂的数据处理需求，有广泛的应用前景。

6.3 机器学习的资源

无论是机器学习的初学者，还是有经验的研究者，都需要机器学习领域的资源，这些资源可以帮助用户学习和深化理解机器学习。

（1）在线课程

有许多优秀的在线课程为用户提供了详细的机器学习理论及其应用的讲解。例如，吴恩达教授在 Coursera 平台上开设的课程是一个经典的机器学习入门课程，该课程介绍了监督学习、无监督学习、神经网络、深度学习，系统全面地覆盖了机器学习的主要领域。此外，他在网易云课堂上也有课程，深受国内用户的欢迎。

在 MOOC 平台上，北京大学的机器学习课程也是极其优秀的学习资源，课程内容非常丰富，从基础理论到复杂模型均有涉及，适合有一定基础的用户进阶学习。

这些课程配有丰富的示例和实践项目，能帮助用户更好地理解和应用机器学习的知识。

（2）图书

对于喜欢通过阅读书籍进行深度学习的人，下面推荐几本深受好评的书籍。

- 《Python 机器学习及实践：从零开始通往 Kaggle 竞赛之路》：这是一本实战导向的教材，由浅入深地介绍了如何使用 Python 进行机器学习。此书不仅详细讲解了各种机器学习算法的原理，还提供了大量的 Python 代码示例，帮助读者理解并实践这些算法。更重要的是，该书详细讲解了如何参加 Kaggle 数据科学竞赛，对于希望在实战中提升自己技能的读者非常有帮助。
- 《深度学习》：作者为 Yoshua Bengio、Ian Goodfellow、Aaron Courville，是一本讲解深度学习的经典教材。此书详细介绍了深度学习的理论基础，并讨论了许多最新的研究成果。此书既可以作为深度学习领域的入门读物，也可以作为研究者的参考书。

这些书籍无论是对于机器学习的初学者还是希望深入理解和研究机器学习领域的人来说，都是不错的选择。

（3）开源软件库

下面介绍一些当前流行的开源软件库，它们具有强大的功能，可以被用于开发和实践机器学习算法。

- TensorFlow：由 Google Brain 团队开发的开源机器学习框架，提供了一套全面而灵活的工具，用于实现和训练各种类型的机器学习模型，包括深度学习、强化学习等。此外，TensorFlow 也支持分布式计算，它使在大规模数据上进行模型训练成为可能。
- Keras：基于 Python 的高级神经网络 API，可以作为 TensorFlow、Microsoft Cognitive Toolkit、Theano 等框架的接口。Keras 的设计目标是使深度学习的工程师能快速构建和试验不同的模型，降低 Keras 的使用门槛。

- PyTorch：由 Facebook 的人工智能研究团队开发的开源机器学习框架，受到许多研究人员的喜爱。PyTorch 提供两个主要功能，一是强大的张量计算库（类似于 NumPy），并有 GPU 支持；二是基于自动求导系统的深度神经网络库。
- Scikit-Learn：一个基于 Python 的开源机器学习库，提供了大量的机器学习算法实现，包括分类、回归、聚类、降维等，接口简单明了，对开发者非常友好。

使用上面的开源软件库可以大幅度提升机器学习的开发和应用效率，同时因为其开源的性质，这些开源软件库吸引了全球的开发者进行持续的优化和更新。

（4）数据集

有许多网站和组织提供公开的机器学习数据集，以便研究者和开发者进行模型训练。下面介绍一些常用的数据集。

- 中文人脸数据集 CASIA-WebFace：由中国科学技术大学提供，是一个广泛使用的中文人脸数据集，包含了从互联网上收集的约 50000 张公众人物的人脸图片，覆盖了各种不同的姿态、表情和光照条件。此数据集为研究人员在人脸识别等领域的研究提供了丰富的数据资源。
- 天池大数据平台：中国最大的人工智能开放平台之一，不仅提供了丰富的数据集供下载，也组织了各种数据科学和人工智能竞赛，参赛者可以在真实且具有挑战性的问题上应用机器学习技术。
- Kaggle：全球著名的数据科学竞赛平台，包含来自各个行业的公开数据集，包括但不限于汽车、电影、医疗、销售等领域。这些数据集可以用于训练各种机器学习模型，对提升实践经验非常有帮助。
- UCI 机器学习库：由加利福尼亚大学欧文分校维护的一个公开数据集库，集合了分类、回归、聚类等问题的数据。

（5）博客和论坛

机器学习专家和研究者的博客以及各大技术论坛为用户提供了丰富的学习和交流资源。

- 李沐的博客：李沐是亚马逊首席科学家，MXNet 的创造者，他的博客内容涵盖深度学习、人工智能的最新进展、个人的研究成果和见解。他清晰、富有洞见的解释，以及对深度学习的深度讨论，对初学者和有经验的从业者非常有帮助。

- 吴恩达的博客：吴恩达是斯坦福大学的教授，也是 Coursera 联合创始人，他在人工智能和机器学习领域的贡献广为人知。他的博客经常发布他的见解和最新研究成果，是学习最新人工智能和机器学习技术的优质资源。
- CSDN 的机器学习板块：CSDN 是中国最大的 IT 技术社区，其中的机器学习板块汇集了众多行业专家和爱好者，这里可以查看最新的研究和技术趋势，以及各类问题的解决方案。此外，也可以在这里与他人分享自己的见解和经验。
- Medium 的 AI 板块：Medium 是一个全球性的博客分享平台，AI 板块聚集了大量的机器学习、深度学习、强化学习等领域的文章，作者包括业内知名专家和研究者，也有大量实践者分享自己的项目和经验，是一个获取知识和灵感的好地方。

上面这些资源可以帮助用户跟上机器学习领域的最新发展，并能加深学习者对理论和实践的理解，并与同行交流思想和经验。

（6）学术会议

机器学习领域的一些学术会议提供了解最新研究进展、交流研究成果、构建专业网络的平台。下面介绍一些常见的学术会议。

- NIPS：世界上规模最大、影响力最大的机器学习和人工智能会议之一。该会议每年都会举行，吸引全球数千名从事机器学习和人工智能的研究者，共享他们的最新研究成果和理论发展。
- ICML：全球最重要的机器学习学术会议之一。该会议涵盖了从理论基础到应用开发的广泛主题，为研究者提供了一个分享新发现、新理论和新方法的平台。
- IJCAI：国际上较为知名的人工智能学术会议，每两年举行一次。这个会议涵盖了人工智能的大部分领域，包括机器学习、知识表示、推理、计划、视觉、机器人等领域。
- AAAI：全球最重要的人工智能学术会议之一，旨在推动理论、原理和应用之间的理解和交流，以及讨论人工智能如何服务于社会等问题。